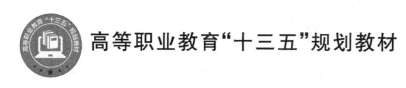

高等职业教育"十三五"规划教材

S7-1200 PLC 项目化教程

主　编　于福华　熊国灿

副主编　孟淑丽　周国娟　黄　涛

北京邮电大学出版社
www.buptpress.com

内 容 简 介

本书是一本注重职业技能训练,引入任务驱动理念,采用项目式编写模式,实施校企合作、共同开发的具有工学结合特色的教材。全书包括 7 个项目共 20 个任务,由浅入深地介绍了 S7-1200 PLC 的硬件结构及其工作原理、TIA 博途编程软件和仿真软件的使用方法、S7-1200 PLC 的安装维护与接线、程序设计基础、S7-1200 PLC 的指令系统、基于顺序功能图的梯形图设计、程序结构、人机界面(HMI)的组态应用和S7-1200 PLC 通信等内容,同时介绍了许多有关 S7-1200 PLC 应用的经验和技巧。本书贴近工程工作岗位技能要求,具有很强的实用性、可操作性;内容安排科学、实用、合理,为开展高效率教学提供便利。

本书可作为本科及高职院校通信类、自动化类、机电类、机械制造类等专业的 PLC 应用课程的入门教材,也可作为从事有关 PLC 技术的工程技术人员的培训教材,还可作为本科、专科院校相关专业师生、电气设计及调试编程人员的参考书。

图书在版编目(CIP)数据

S7-1200 PLC 项目化教程 / 于福华,熊国灿主编. -- 北京:北京邮电大学出版社,2018.8(2023.8 重印)
ISBN 978-7-5635-5520-8

Ⅰ. ①S… Ⅱ. ①于…②熊… Ⅲ. ①PLC 技术—教材 Ⅳ. ①TB4

中国版本图书馆 CIP 数据核字(2018)第 169018 号

书　　　名:S7-1200 PLC 项目化教程
著作责任者:于福华　熊国灿　主编
责 任 编 辑:徐振华　王　义
出 版 发 行:北京邮电大学出版社
社　　　址:北京市海淀区西土城路 10 号(邮编:100876)
发 行 部:电话:010-62282185　传真:010-62283578
E-mail:publish@bupt.edu.cn
经　　　销:各地新华书店
印　　　刷:北京虎彩文化传播有限公司
开　　　本:787 mm×1 092 mm　1/16
印　　　张:12
字　　　数:297 千字
版　　　次:2018 年 8 月第 1 版　2023 年 8 月第 4 次印刷

ISBN 978-7-5635-5520-8　　　　　　　　　　　　　　　　定　价:28.00 元

前　言

SIMATIC S7-1200 是西门子公司的一款新一代 PLC,可完成简单逻辑控制、高级逻辑控制、HMI 和网络通信等任务。它采用模块化设计并具备强大的工艺功能,适用于多种场合,可满足不同的自动化需求。

本教材按照最新的职业教育改革要求,更多地反映本课程教学内容的行业性、实用性、科学性和方便性。本教材在充分和认真听取广大师生以及行业工程师的意见和建议的基础上,以"工学结合、项目引导、任务驱动、教学做一体化"为宗旨编写。

本教材具有以下特点。

(1) 本教材的编写体现"重点突出、实用为主、够用为度"的原则,采用项目化驱动的教学方式。学习任务主要依据本行业工作岗位群中的典型实例,并且在提炼后进行设置。书中项目实例较多,应用范围较广,文字叙述浅显易懂,增强了教学过程中的互动性与趣味性。本教材对全国许多职业院校的 PLC 课程教学具有较大的实用性,同时对企业的技术人员也具有参考性。

(2) 根据职业教育的特点,本教材安排了"教学导航、知识梳理与总结"等内容,有利于学生高效率地学习与总结。

(3) 本教材起点低,由浅入深,由简单到复杂。在不断增加难度的项目中,本教材遵循先复习学习过的内容,再一点点引入新知识的原则,符合学习的客观规律,有利于学生在完成项目中获得成就感。

(4) 本教材通过具有实际应用背景的项目,让学生知道这门课可以干什么,有什么用。有些项目具有趣味性,可以提高学生学习的兴趣。有些任务上增加了教学互动性内容,如"小提示""小经验""小知识"等。

(5) 为方便教学,给学生更多的思考空间,有的任务后面添加了"举一反三"的环节,让学生进行了扩展和提升,一方面巩固所学知识,另一方面充分锻炼学生的学习能力和创新能力。

(6) 本教材以提高技能水平为目标,通过 20 个任务将 S7-1200 PLC 知识、技能融为一体。每个任务按分析任务→设计任务(硬件组态、软件编程)→下载→调试的不同环节进行讲解和训练,逐步提高学生分析问题、解决问题的综合能力。

(7) 在完成项目的过程中,学生会发现很多问题,从而引发学生的好奇心,有助于提高学生的思考能力,加深对相关内容的理解。

（8）本教材融传统教材、实验指导书为一体，可以用在实验室教学。讲练结合，理实一体，改变枯燥的理论教学方式。

本教材由北京经济管理职业学院于福华、熊国灿担任主编，孟淑丽、周国娟、黄涛担任副主编，魏仁胜参编。其中，于福华负责全书的规划和指导，统稿工作由于福华和熊国灿共同完成，审核工作由周国娟完成。本教材在编写过程中参考了多位同行老师的著作、资料以及行业中企业工程师的意见与建议，编者在此一并表示感谢。

由于编者水平有限，书中的不足之处在所难免，恳请广大读者提出宝贵意见。

编　者

2018 年 3 月

目　　录

项目一 熟悉 S7-1200 PLC 操作环境

本项目从 TIA 博途软件的使用入手,通过对电动机的启动、保护和停止电路的设计,让读者了解如何使用 TIA 博途软件开发 S7-1200 控制系统。然后介绍 PLC 的基本结构及其工作原理、S7-1200 PLC 硬件及硬件组态。

【教学导航】

知识重点:
- 了解 PLC 的定义;
- 熟悉 PLC 基本结构及其工作原理;
- 掌握 S7-1200 PLC 的硬件结构。

知识难点:
- PLC 的工作原理。

能力目标:
- 能通过一个简单的案例来了解 TIA Portal V13 软件;
- 学会 S7-1200 PLC 硬件组态。

推荐教学方式:

从工作任务入手,通过对 TIA Portal V13 软件的使用和电动机的启动、保护和停止控制任务的设计,让读者从直观到抽象,逐渐理解 PLC 的概念以及 PLC 的工作原理。

任务 1 电动机的启动、保护和停止电路设计

1. 目的与要求

TIA 博途是西门子公司开发的高度集成的工程组态软件,掌握这一软件的使用方法,对于西门子 PLC 的控制系统的设计来说十分重要。

任务要求:设计电动机的启动、保护和停止电路。

2. 操作步骤

(1) 启动 TIA Portal V13 软件

首先启动 TIA Portal V13 软件。从桌面上直接双击 ,启动该软件,打开图 1.1 所示窗口。

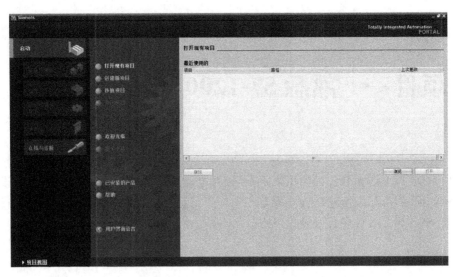

图 1.1　TIA Portal V13 启动窗口

☞ 小资料

TIA博途是西门子公司开发的高度集成的工程组态软件,其内部集成了 WinCC Flexibie Basic,提供了通用的工程组态框架,可以用来对 S7-1200 PLC 和精简系列面板进行高效组态。通过一个小的控制任务让读者学会软件的使用是踏入 S7-1200 PLC 控制系统学习的第一步。

(2) 创建新项目

在图 1.1 所示的工作窗口中,单击"创建新项目",出现如图 1.2 所示对话框,填写项目名称为"电动机启保停电路设计",路径和作者这里不做修改,单击"创建"按钮之后出现图 1.3 所示对话框,这样一个新的项目创建完毕。

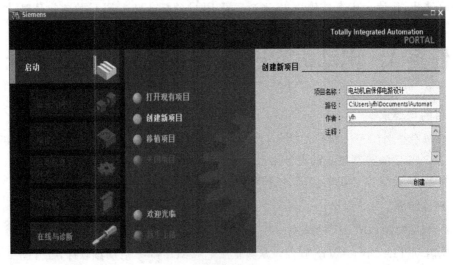

图 1.2　创建新项目

（3）组态硬件设备及网络

1）如图 1.3 所示，单击"设备与网络"选项中"组态设备"，出现图 1.4 所示窗口。

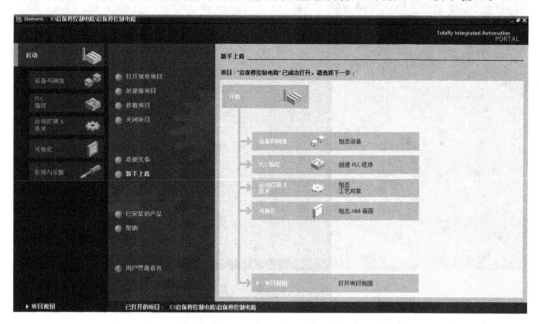

图 1.3　组态硬件设备及网络窗口 1

2）单击图 1.4 窗口中的"添加新设备"，出现图 1.5 所示新设备选择窗口。

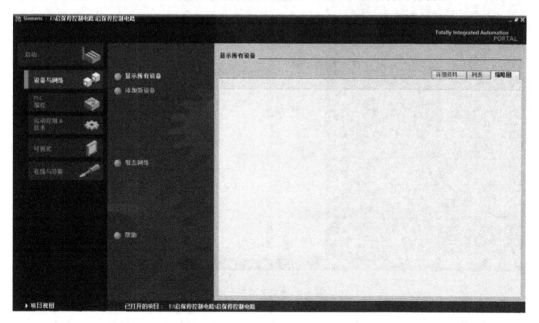

图 1.4　组态硬件设备及网络窗口 2

3）在图 1.5 中，单击"控制器"下面的"SIMATIC S7-1200"，出现图 1.6 所示目标 CPU
选择窗口。

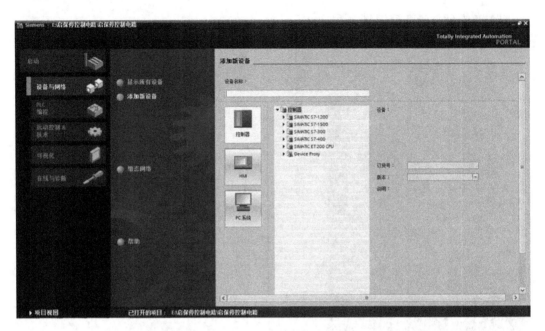

图 1.5　新设备选择窗口

4) 单击图 1.6 中"CPU"前面的"▶",进入图 1.7 对话框。

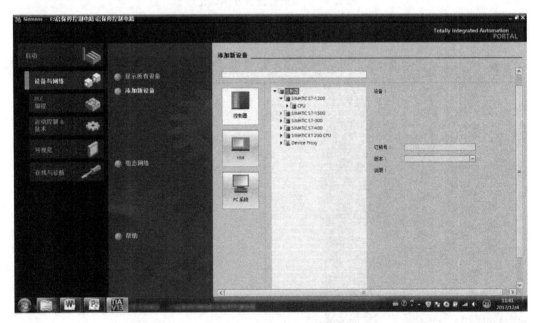

图 1.6　选择目标 CPU

5) 如图 1.7 所示。单击"CPU 1214C DC/DC/DC",单击供货号"6ES7 214-1AG40-0XB0",单击右下角"添加"按钮,此时一个 CPU 设备选择完毕。

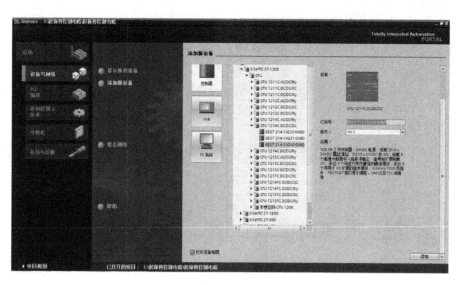

图 1.7 添加新设备界面

☞ **小提示**

图 1.7 中在"版本"下面的"说明"中提到：100 KB 工作存储器；24V DC 电源，板载 DI14×24V DC 漏型/源型，DQ10×24V DC 和 AI2；板载 6 个高速计数器和 4 路脉冲输出；信号板扩展板载 I/O；多达 3 个可进行串行通信的通信模块；多达 8 个可用于 I/O 扩展的信号模块；0.04 ms/1000 条指令；PROFINET 接口用于编程、HMI 以及 PLC 间通信，这部分文字说的是 CPU 的特性。

6）网络组态，即 S7-1200 PLC 与 HMI 联网的组态。如图 1.7 所示，单击"HMI"，添加 HMI 设备如图 1.8 所示，添加完之后选择"组态网络"项，则进入到项目视图的"网络视图"画面，如图 1.9 所示。

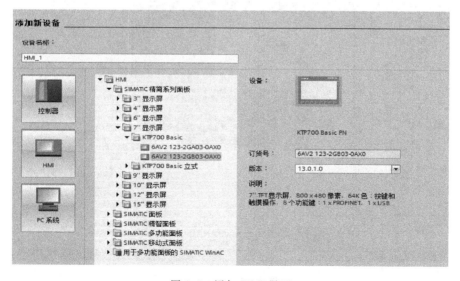

图 1.8 添加 HMI 界面

5

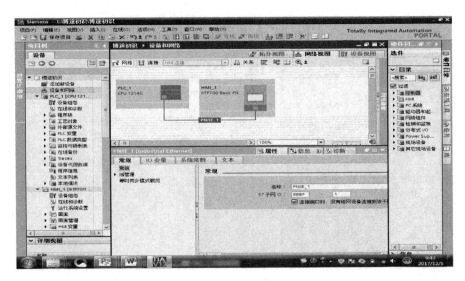

图 1.9　网络视图界面

7) 单击"网络视图"中呈现绿色的"CPU 1214C 的 PROFINET 网络接口",按住鼠标左键拖动至右边呈现绿色的"KTP700 BASIC PN 的 PROFINET 网络接口上",这样两者的 PROFINET 网络就连接了,可以再通过"网络属性对话框"中修改网络名称。

8) 各模块的组态。在项目视图中,打开左侧项目树下"PLC_1(CPU 1214C)"项,双击"设备配置"项,打开"设备视图",如图 1.10 所示。从右侧"硬件目录"中选择"AI/AQ→AI4 x13 BIT/AQ2x14"下对应订货号的设备,拖动至 CPU 右侧的第 2 槽;同样方法,分别拖动通信模块 CM1241(RS485)和 CM1241(RS232)到 CPU 左侧的第 101 槽和第 102 槽。这样,S7-1200 PLC 的硬件设备就组态完毕了。

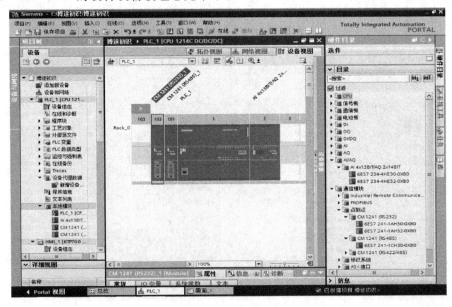

图 1.10　设备视图

（4）PLC 编程

单击图 1.11"项目树"下的"程序块"左侧的"▶"，单击"Main［OB1]"，打开程序块编辑界面，如图 1.11 所示。拖动编辑区工具栏上的一个常开触点"┤├"、一个常闭触点"┤/├"，和一个输出线圈"( )"，到程序段 1，输入地址 I0.0、I0.1 和 Q0.0，则在地址下出现系统自动分配的符号名称，可以进行修改，此处不修改。拖动常开触点到 I0.0 所在触点的下方，单击编辑区工具栏关闭分支"┘"按钮或者鼠标直接向上拖动得到完整的梯形图，输入地址 Q0.0。

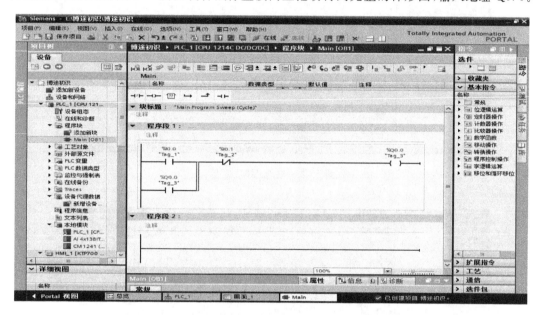

图 1.11　编写程序界面

☞ **小提示**

上面的常开、常闭触点以及线圈等也可以从右侧项目树中"基本指令"→"位逻辑运算"项中选择，更多的指令可以根据需要从指令树中选择。

（5）组态可视化

此处仅是为了演示项目在面板画面上组态一个 I/O 域，当按下按钮 I0.0，Q0.0 亮时，面板上的 I/O 域显示"1"，否则显示"0"。在项目视图的项目树中双击 HMI 设备下的"HMI 变量"来打开 HMI 变量组态界面。双击"名称"栏下的"添加新对象"，修改将要添加的 HMI 变量名称为"指示灯"，在属性对话框的"常规—设置"项下单击"PLC 变量"编辑框右侧的"..."按钮选择"PLC 变量"下的地址 Q0.0，则属性对话框中"常规—连接"项中出现系统自动建立的新连接"HMI 连接_1"，可以修改其名称，此处不修改，如图 1.12 所示。

单击图 1.13 左下角的"Portal 视图"，返回到 Portal 视图，选择中间的"编辑画面"，双击右侧列表中的"画面_1"对象，打开画面编辑界面，拖动右侧"工具箱"下"元素"里的 I/O 域图标"**0.12**"到画面中，在 I/O 域的属性对话框中的"常规—过程"项下单击"变量"编辑框右侧的"..."按钮，添加"HMI 变量"→"指示灯"，则属性对话框中的"显示格式"自动根据变量的类型更改为"二进制"。

7

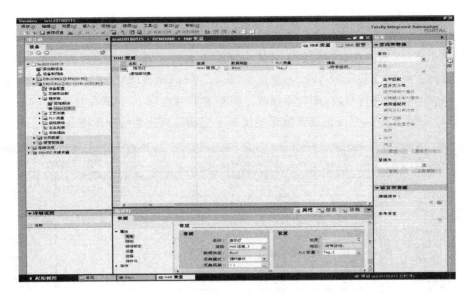

图 1.12　组态 HMI 变量

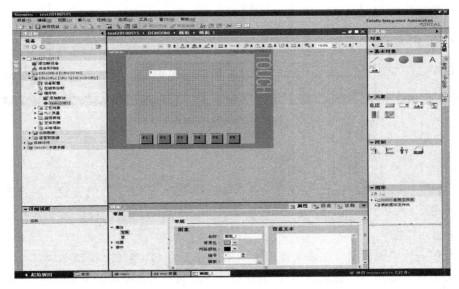

图 1.13　编辑界面

　　这样,一个简单的 PLC-SCADA 的项目就组态完成了,单击工具栏中的"保存项目"按钮保存好编辑的项目。

　　(6)下载项目

　　先下载 PLC 项目程序。在项目视图中,选中项目树中的"PLC1(CPU 1214C)"单击工具栏中的下载图标"■",打开"扩展的下载到设备"对话框,如图 1.14 所示。此处勾选"显示所有可访问设备",这时若已将编程计算机和 PLC 连接好,就会显示当前网络中所有可访问的设备。选中目标 PLC,单击"下载"按钮,将项目下载到 S7-1200 PLC 中。

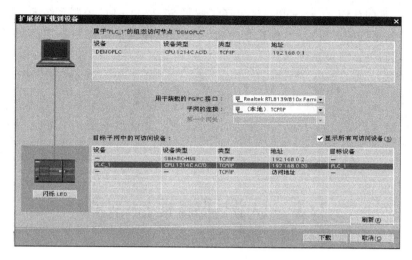

图 1.14　"扩展的下载到设备"对话框

　　然后下载 HMI 程序。在项目视图中,选择项目树中的"HMI(KTP 700 Basic PN)"项,单击工具栏内的下载按钮"📥"图标,将 HMI 项目下载到面板中。

　　(7) 运行调试项目

　　在项目视图中,单击工具栏中的"转到在线"按钮使得编程软件在线连接 PLC,单击编辑区工具栏中的"启用/禁用监视"按钮在线监视 PLC 程序的运行,如图 1.15 所示。此时项目右侧出现"CPU 操作员面板",显示了 CPU 的状态指示灯和操作按钮,此时可以通过单击"停止"按钮来停止 CPU。程序段中,默认用绿色的实线表示能流流过,蓝色的虚线表示能流断开。

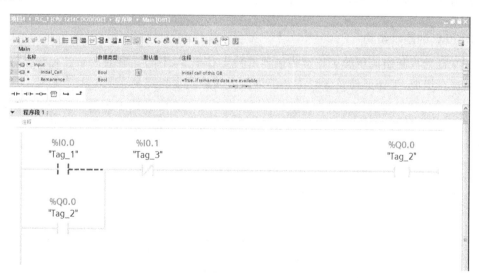

图 1.15　在线监视 PLC 程序的运行

3. 任务小结

通过电动机启动、保持和停止电路设计的过程,读者对 S7-1200 PLC 控制系统有了初步的了解和直观的认识。与此同时,读者还了解了 S7-1200 PLC 控制系统的开发过程。S7-1200 PLC 控制系统的开发过程:创建新项目→组态硬件设备及网络→PLC 编程→组态可视化→下载项目→运行调试项目。

☞ **小经验**

　　读者可以按照上面步骤动手做一遍,开始可能感觉还是很生疏,不用着急,软件的熟练使用是需要时间的。相信经过一段时间后,读者不仅能够熟练使用 TIA 博途软件,而且还会发现它的很多其他功能。

1.1　认识可编程控制器

1.1.1　PLC 的定义

　　1987 年 2 月,国际电工委员会(IEC)对可编程控制器(PLC)的定义是:可编程控制器是一种数字运算操作的电子系统,是专为在工业环境下的应用而设计的。它采用一类可编程的存储器,用于存储程序、执行逻辑运算、顺序控制、定时、计数和算术操作等面向用户的指令,并通过数字式或模拟式输入/输出,控制各种类型的机械或生产过程。

　　可编程控制器及其有关外部设备,都按易于与工业控制系统连成一个整体、易于扩充功能的原则而设计。

1.1.2　PLC 的基本结构及其工作原理

1. PLC 的基本结构

　　工业自动控制中使用的可编程控制器的种类有很多,不同类型的产品各有特点,但可编程控制器在组成、工作原理及编程方法等许多方面是基本相同的。

　　PLC 是以微处理器为基础,综合了计算机技术、自动控制技术和通信技术而发展起来的一种新型、通用的自动控制装置。其硬件组成与微型计算机相似。PLC 控制系统示意图如图 1.16 所示。

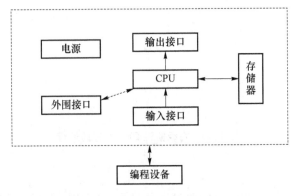

图 1.16　PLC 控制系统示意图

(1) CPU

CPU 是整个系统的核心部件,主要由运算器、控制器、寄存器及实现它们之间联系的地址总线、数据总线和控制总线构成。此外,还有外围芯片、总线接口及有关电路。

作为 PLC 的核心,CPU 的功能主要包括以下几个方面。

➢ CPU 接收从编程器或计算机输入的程序和数据,并送入用户程序存储器中存储。

➢ 监视电源、PLC 内部各个单元电路的工作状态。

➢ 诊断编程过程中的语法错误,对用户程序进行编译。

➢ 在 PLC 进入运行状态后,从用户程序存储器中逐条读取指令,并分析、执行该指令。

➢ 采集由现场输入装置送来的数据,并存入指定的寄存器中。

➢ 按程序进行处理,根据运算结果,更新有关标志位的状态和输出状态或数据寄存器的内容。

➢ 根据输出状态或数据寄存器的有关内容,将结果送到输出接口。

➢ 响应中断和各种外围设备(如编程器、打印机等)的任务处理请求。

(2) 存储器

PLC 的内部存储器分为系统程序存储器、用户程序及数据存储器。系统程序存储器用于存放系统工作程序(或监控程序)调用管理程序以及各种系统参数等。系统程序相当于 PC 的操作系统,能够完成 PLC 设计者规定的各种工作。系统程序由 PLC 生产厂家设计并固化在 ROM(只读存储器)中,用户不能读取。用户程序及数据存储器主要存放用户编辑的应用程序及各种暂存数据和中间结果,使 PLC 完成用户要求的特定功能。

(3) 输入/输出电路

输入模块和输出模块简称为 I/O 模块,是联系外部设备与 CPU 的桥梁。

① 输入模块

输入模块一般由输入接口、光耦合器、PLC 内部电路输入接口和驱动电源 4 部分组成。输入模块可以用来接收和采集两种类型的输入信号。一种是由按钮、选择开关、数字拨码开关、限位开关、接近开关、光电开关、压力继电器或速度继电器等提供的开关量(或数字量)输入信号;另一种是由电位器、热电偶、测速发电机或各种变送器等提供的连续变化的模拟信号。

各种 PLC 输入电路结构大都相同,其输入方式有两种类型。一种是直流输入(DC 12V 或 24V),其外部输入器件可以是无源触点,如按钮、行程开关等,也可以是有源器件,如各类传感器、接近开关、光电开关等。在 PLC 内部电源容量允许前提下,有源输入器件可以采用 PLC 输出电源,否则必须外接电源。另一种是交流输入(AC 100~120V 或 AC 200~240V),当输入信号为模拟量时,信号必须经过专用的模拟器输入模块进行 A/D 转换,然后通过输入电路进入 PLC。输入信号通过输入端子经 RC 滤波、光隔离进入内部电路。

② 输出模块

数字量输出模块用来控制接触器、电磁阀、电磁铁、指示灯、数字显示装置和报警装置等设备。为适应不同负载的需要,各类 PLC 的数字量输出都有三种方式,即继电器输出、晶体管输出、晶闸管输出。继电器输出方式最常用,适用于交、直流负载,其特点是带负载能力强,但动作频率与响应速度慢;晶体管输出适用于直流负载,其特点是动作频率高,响应速度快,但带负载能力小;晶闸管输出适用于交流负载,其特点是响应速度快,带负载能力不大。

模拟量输出模块用来控制调节阀、变频器等执行装置。

输入/输出模块除了传递信号外,还具有电平转换与隔离的作用。此外,输入/输出点的通断状态由发光二极管显示,外部接线一般接在模块面板的接线端子上,或使用可拆卸的插座型端子板,不需要断开端子板上的外部连线,就可以迅速地更换模块。

(4)编程装置

编程装置采用安装有 TIA 博途编程软件的计算机,并且计算机与 PLC 连接了通信电缆,这种方式可以在线观察梯形图中触点和线圈的通断情况及运行时 PLC 内部的各种参数,便于程序调试和故障查找。程序编译后下载到 PLC,也可将 PLC 中的程序上传到计算机。程序可以存盘或打印,通过网络还可以实现远程编程和传送。

(5)电源

PLC 使用 220 V 交流电源或 24 V 直流电源。内部的开关电源为各种模块提供 5 V、±12 V、24 V 等直流电源。小型 PLC 一般都可以为输入电路和外部的电子传感器(如接近开关等)提供 24 V 直流电源,驱动 PLC 负载的直流电源一般由用户提供。

(6)外围接口

通过各种外围接口,PLC 可以与编程器、计算机、PLC、变频器、E^2PROM 写入器和打印机等连接,总线扩展接口用来扩展 I/O 模块和智能模块等。

2. PLC 工作原理

PLC 采用循环执行用户程序的方式,称为循环扫描工作方式。当 PLC 控制器投入运行后,其工作过程一般分为三个阶段,即输入采样、用户程序执行和输出刷新三个阶段,如图 1.17。完成上述三个阶段称作一个扫描周期。在整个运行期间,PLC 控制器的 CPU 以一定的扫描速度重复执行上述三个阶段。

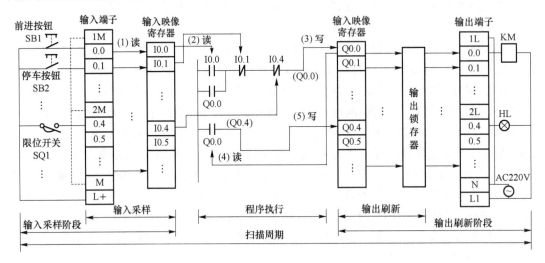

图 1.17　PLC 扫描过程示意图

(1)输入采样阶段

在输入采样阶段,PLC 控制器以扫描方式依次地读入所有输入状态和数据,并将它们存入 I/O 映象区中的相应得单元内。输入采样结束后,转入用户程序执行和输出刷新阶段。在这两个阶段中,即使输入状态和数据发生变化,I/O 映象区中的相应单元的状态和数据也不会改变。因此,如果输入是脉冲信号,则该脉冲信号的宽度必须大于一个扫描周期,才能保证在任何情况下,该输入均能被读入。

（2）用户程序执行阶段

在用户程序执行阶段,PLC 控制器总是按由上而下的顺序依次地扫描用户程序（梯形图）。在扫描每一条梯形图时,又总是先扫描梯形图左边的由各触点构成的控制线路,并按先左后右、先上后下的顺序对由触点构成的控制线路进行逻辑运算,然后根据逻辑运算的结果,刷新该逻辑线圈在系统 RAM 存储区中对应位的状态;或者刷新该输出线圈在 I/O 映象区中对应位的状态;或者确定是否要执行该梯形图所规定的特殊功能指令。

即,在用户程序执行过程中,只有输入点在 I/O 映象区内的状态和数据不会发生变化,而其他输出点和软设备在 I/O 映象区或系统 RAM 存储区内的状态和数据都有可能发生变化,而且排在上面的梯形图,其程序执行结果会对排在下面的凡是用到这些线圈或数据的梯形图起作用;相反,排在下面的梯形图,其被刷新的逻辑线圈的状态或数据只能到下一个扫描周期才能对排在其上面的程序起作用。

（3）输出刷新阶段

当扫描用户程序结束后,PLC 控制器就进入输出刷新阶段。在此期间,CPU 按照 I/O 映象区内对应的状态和数据刷新所有的输出锁存电路,再经输出电路驱动相应的外设。这时,才是 PLC 控制器的真正输出。

同样的若干条梯形图,其排列次序不同,执行的结果也不同。另外,采用扫描用户程序的运行结果与继电器控制装置的硬逻辑并行运行的结果有所区别。当然,如果扫描周期所占用的时间对整个运行来说可以忽略,那么二者之间就没有什么区别了。

一般来说,PLC 控制器的扫描周期包括自诊断、通讯等,如下图所示,即一个扫描周期等于自诊断、通讯、输入采样、用户程序执行、输出刷新等所有时间的总和。

1.1.3　S7-1200 PLC 硬件结构

S7-1200 PLC 主要由 CPU 模板（简称为 CPU）、信号板、信号模块、通信模块硬件结构如图 1.18 所示,各种模块安装在标准 DIN 导轨上。S7-1200 PLC 的硬件组成具有高度的灵活性,用户可以根据自身需求确定 PLC 的结构,系统扩展十分方便。

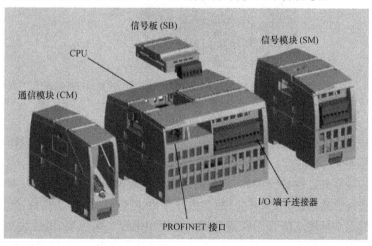

图 1.18　S7-1200 PLC 的硬件组成

1. CPU 模块

S7-1200 的 CPU 模块(图 1.18)将微处理器、电源、数字量、输入/输出电路、模拟量输入/输出电路、PROFINET 以太网接口、高速运动控制功能组合到一个设计紧凑的外壳中。每块 CPU 内可以安装一块信号板,安装以后不会改变 CPU 的外形和体积。

微处理器相当于人的大脑,它不断地采集输入信号,执行用户程序,刷新系统的输出。存储器用来存储程序和数据。

S7-1200 集成的 PROFINET 接口用于与编程计算机、HMI(人机界面)、其他 PLC 或其他设备的通信。此外,它还通过开放的以太网协议支持与第三方设备的通信。

通过信号板(SB)可以给 CPU 增加 I/O。信号板连接在 CPU 的前端。一个 CPU 具有 4 个数字量 I/O(2×DC 输入和 2×DC 输出)的信号板和 1 个模拟量输出的信号板。图 1.19 为信号板示意图。

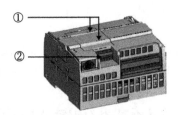

①信号板上的状态LED;②可拆卸用户接线连接器

图 1.19　信号板(SB)

2. 信号模块

输入(Input)模块和输出(Output)模块简称为 I/O 模块,数字量(又称开关量)输入模块和数字量输出模块简称为 DI 模块和 DQ 模块,模拟量输入模块和模拟量输出模块简称为 AI 模块和 AQ 模块,它们统称为信号模块(简称为 SM)。如图 1.20 所示。

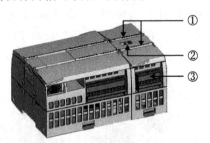

①信号模块的I/O的状态LED;②总线连接器;③可拆卸用户接线连接器

图 1.20　信号模块(SM)

信号模块安装在 CPU 模块的右边,扩展能力最强的 CPU 可以扩展 8 个信号模块,以增加数字量和模拟输入、输出点。

信号模块是联系外部现场设备和 CPU 的桥梁。输入模块用来接收和采集输入信号,数字量输入模块用来接收从按钮、选择开关、数字拨号开关、限位开关、接近开关、光电开关、压力继电器等传送来的数字量输入信号。模拟量输入模块用来接收电位器、测速发电机和各种变送器提供的变化的模拟量的电流、电压信号,或者直接接收热电阻、热电偶提供的温度信号。

数字量输出模块用来控制接触器、电磁阀、电磁铁、指示灯、数字显示装置和报警装置等输出设备,模拟量输出模块用来控制电动机调节阀、变频器等执行器。

CPU 模块内部的工作电压一般是 DC 5V,而 PLC 的外部输入/输出信号电压一般较高,例如 DC 24V 或 AC 220V。从外部引入的尖峰电压和干扰噪声可能损坏 CPU 中的元器件,或者使 PLC 不能正常工作。在信号模块中,用光耦合器、光敏晶闸管、小型继电器等器件来隔离 PLC 的内部电路和外部的输入/输出电路。信号模块除了传递信号外,还有电平转换与隔离的作用。

3. 通信模块

通信模块(简称为 CM)安装在 CPU 模块的左边,最多可以添加 3 块通信模块,可以使用点对点通信模块、PROFIBUS 模块、工业远程通信模块、AS-i 接口模块和 IO-Link 模块,如图 1.21 所示。

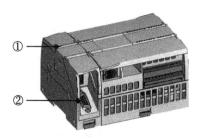

①通信模块的状态LED;②通信连接器

图 1.21　通信模块(CM)

4. SIMATIC HMI 精简系列面板

与 S7-1200 配套的第二代精简面板的 65 500 色高分辨率宽屏显示器的尺寸有 4.3 英寸、7 英寸、9 英寸和 12 英寸(1 英寸=0.0254 米)这 4 种,支持垂直安装,用 TIA 博途中的 WinCC 组态。它们有一个 RS-422/RS-485 接口或一个 RJ45 以太网接口,还有一个 USB 接口可连接键盘、鼠标或条形码扫描仪,可用 U 盘实现数据记录。

5. 编程软件

TIA 是 Totally Integrated Automation（全集成自动化)的简称,TIA 博途(TIA Portal)是西门子自动化的全新工程设计软件平台。S7-1200 用 TIA 博途中的 STEP 7 Basic(基本版)或 STEP 7 Professional(专业版)编程。

【知识梳理与总结】

本项目从电动机的启动、保护和停止电路的设计入手,介绍了 TIA Portal V13 软件的使用、S7-1200 硬件及其硬件组态;了解 PLC 的定义,熟悉 PLC 基本结构及其工作原理,为后面内容的学习打下基础。本项目要掌握的重点内容如下:

(1) PLC 的定义;

(2) PLC 基本结构及其工作原理;

(3) TIA Portal V13 软件的使用;

(4) S7-1200 硬件及其硬件组态。

项目二　S7-1200 PLC 硬件安装维护与接线

本项目从 S7-1200 PLC 的安装维护, S7-1200 PLC 的接线两个任务入手, 介绍 S7-1200 PLC 各模块的安装与拆卸, 现场安装与接线, 让读者加深对 S7-1200 PLC 硬件结构理解。

【教学导航】

知识重点:
- 掌握 S7-1200 PLC 各模块现场安装与拆卸以及现场接线。

知识难点:
- 现场安装接线。

能力目标:
- S7-1200 PLC 的安装与拆卸以及现场安装接线。

推荐教学方式:
从工作任务入手, 通过 S7-1200 PLC 的安装与拆卸、S7-1200 PLC 的现场接线两个任务让读者从直观到抽象, 逐渐理解 S7-1200 PLC 的硬件结构以及现场安装接线。

任务 2　S7-1200 PLC 的安装与拆卸

1. 目的与要求

通过 S7-1200 PLC 的安装与拆卸, 让读者进一步熟悉 S7-1200 PLC 硬件结构。

任务要求: S7-1200 PLC 的安装与拆卸。

2. 操作步骤

(1) 安装与拆卸 CPU

1) 安装 CPU

将 CPU 安装到 DIN 导轨上, 如图 2.1 所示。

其步骤如下:

➤ 安装 DIN 导轨, 将导轨按照每隔 75 mm 的距离分别固定到安装板上;

➤ 将 CPU 挂到 DIN 导轨上方;

➤ 拉出 CPU 下方的 DIN 导轨卡夹, 以便将 CPU 安装到导轨上;

➤ 向下转动 CPU 使其在导轨上就位;

➤ 推入卡夹将 CPU 锁定到导轨上。

图 2.1　安装 CPU 示意图

☞ **小经验**

通过导轨卡夹可以很方便地安装 CPU 到标准 DIN 导轨或面板上,首先要将全部通信模块连接到 CPU 上面,然后将它们作为一个单元来安装。

2) 拆卸 CPU

拆御 CPU,如图 2.2 所示。

图 2.2　拆卸 CPU 示意图

其步骤如下:
> 将螺钉旋具(螺丝刀)放到信号模块上方的小接头旁;
> 向下按,使连接器与 CPU 相分离;
> 将小接头安全滑到右侧;
> 拉出 DIN 导轨卡夹,从导轨上松开 CPU;
> 向上转动 CPU,使其脱离导轨,然后从系统中卸下 CPU。

☞ **小经验**

若要准备拆卸 CPU,先断开 CPU 的电源及其 I/O 连接器、接线和电缆。将 CPU 和所有相连的通信模块作为一个完整单元拆卸。所有信号模块应保持安装状态。如果信号模块已连接到 CPU,则需要先缩回总线连接器。

(2) 安装和拆卸信号模块

1) 安装信号模块(SM)

如图 2.3 所示,在安装 CPU 之后还要安装信号模块。

其步骤如下:
> 卸下 CPU 右侧的连接器盖,将螺钉旋具插入上方的插槽中,将其上方的盖轻轻撬出并卸下,收好以备再次使用;
> 将信号模块挂到 DIN 导轨上方,拉出下方的 DIN 导轨卡夹,以便信号模块安装到导轨上;

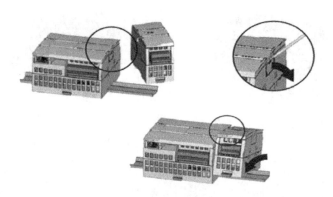

图 2.3　安装信号模块

➢ 向下转动 CPU 旁的信号模块,使其就位,并推入下方卡夹,将信号模块锁定到导轨上;

➢ 伸出总线连接器,即为信号模块建立了机械和电气连接。

☞ **小提示**

　　若要准备拆卸信号模块,断开 CPU 的电源并卸下信号模块的 I/O 连接器和接线即可。

2) 拆卸信号模块

拆卸信号模块如图 2.4 所示。

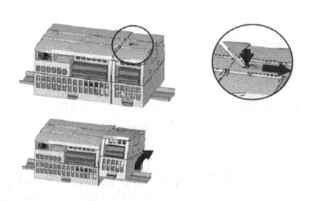

图 2.4　拆卸信号模块

其步骤如下:

➢ 使用螺钉旋具缩回总线连接器;

➢ 拉出信号模块下方的 DIN 导轨卡夹,从导轨上松开信号模块,向上转动信号模块,使其脱离导轨;

➢ 盖上 CPU 的总线连接器。

☞ **小经验**

　　可以在不卸下 CPU 或其他信号模块处于原位时卸下任何信号模块。

（3）安装和拆卸通信模块（CM）

1）安装通信模块

如图 2.5 所示，安装步骤如下：

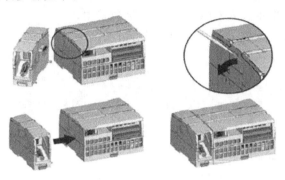

图 2.5　安装通信模块

> 卸下 CPU 左侧的总线盖，将螺钉旋具插入总线盖上方的插槽中，轻轻撬出上方的盖；
> 使通信模块的总线连接器和接线柱与 CPU 上的孔对齐；
> 用力将两个单元压在一起直到接线柱卡入到位；
> 将该组合单元安装到 DIN 导轨或面板上即可。

☞ **小经验**

　要安装通信模块，首先将通信模块连接到 CPU 上，然后再将整个组件作为一个单元安装到 DIN 导轨或面板上。

2）拆卸通信模块

拆卸时，将 CPU 和通信模块作为一个完整单元从 DIN 导轨或面板上卸下。

（4）安装和拆卸信号板（SB）

1）安装信号板

安装信号板如图 2.6 所示。

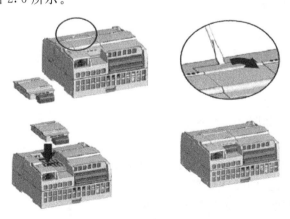

图 2.6　安装信号板

具体步骤如下：
➢ 将螺钉旋具插入 CPU 上部接线盒盖背面的槽中；
➢ 轻轻将盖撬起，并从 CPU 上卸下；
➢ 将信号板直接向下放入 CPU 上部的安装位置中；
➢ 用力将信号板压入该位置，直到卡入就位；
➢ 重新装上端子板盖。

☞ **小提示**

　要安装信号板，首先要断开 CPU 的电源并卸下 CPU 上部和下部的端子板盖。

2）拆卸信号板

拆卸信号板如图 2.7 所示。

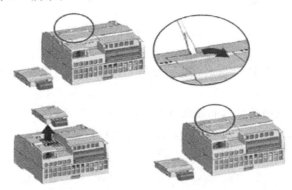

图 2.7　拆卸信号板

具体步骤如下：
➢ 将螺钉旋具插入信号模块上部的槽中；
➢ 轻轻将信号板撬起，使其与 CPU 分离；
➢ 将信号板直接从 CPU 上部的安装位置中取出；
➢ 重新盖上信号板盖；
➢ 重新装上端子板盖。

☞ **小提示**

　从 CPU 上卸下信号板，要断开 CPU 的电源并卸下 CPU 上部和下部的端子板盖。

（5）安装和拆卸端子板连接器

1）安装端子板连接器

安装端子板连接器如图 2.8 所示。

具体步骤如下：
➢ 断开 CPU 的电源并打开端子板盖，准备端子板安装的组件；
➢ 使连接器与单元上的插针对齐；
➢ 将连接器的接线边对准连接器座沿的内侧；
➢ 用力按下并转动连接器，直到卡入到位；
➢ 仔细检查，以确保连接器已正确对齐并完全啮合。

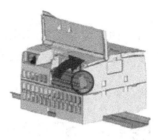

图 2.8　安装端子板连接器

☞ **小经验**

S7-1200 PLC 安装时有以下几点注意事项：

① 可以将 S7-1200 PLC 安装在面板或标准导轨上，并且可以水平或垂直安装 S7-1200 PLC；

② S7-1200 PLC 采用自然冷却方式，因此要确保其安装位置的上、下部分与临近设备之间至少留出 25 mm 的空间，并且 S7-1200 PLC 与控制柜外壳之间的距离至少为 25 mm（安装深度）；

③ 当采用垂直安装方式时，其允许的最大环境温度要比水平安装方式降低 10 ℃，此时要确保 CPU 被安装在最下面。

2）拆卸端子板连接器

拆卸端子板连接器如图 2.9 所示。

图 2.9　拆卸端子板连接器

具体步骤如下：

➢ 打开连接器上方的盖子；

➢ 查看连接器的顶部并找到可插入螺钉旋具头的槽；

➢ 将螺钉旋具插入槽中；

➢ 轻轻撬起连接器顶部，使其与 CPU 分离，连接器从夹紧位置脱离；

➢ 抓住连接器并将其从 CPU 上卸下。

☞ **小提示**

拆卸 S7-1200 PLC 端子板连接器之前先要断开 CPU 的电源。

3. 任务小结

通过 S7-1200 PLC 的安装与拆卸,让读者进一步熟悉 S7-1200 PLC 硬件结构。包括安装与拆卸 CPU,安装和拆卸信号模块,安装和拆卸通信模块,安装和拆卸信号板,安装和拆卸端子板。

任务 3　S7-1200 PLC 的现场接线

1. 目的与要求

通过对 S7-1200 CPU 的现场接线任务的学习,让读者熟悉 S7-1200 CPU 的外部接线。任务要求:S7-1200 CPU 的外部接线。

2. 操作步骤

(1) CPU 外部接线

S7-1200 的供电电源可以是 AC 110V 或 220V 电源,也可以是 DC 24V 电源,接线时是有区别的。S7-1200 CPU 有 3 种版本,CPU 1214C DC/DC/DC、CPU 1214C AC/DC/Relay、CPU 1214C DC/DC/Relay。

1) CPU 1214C DC/DC/DC 的外部接线图如图 2.10 所示,其电源电压、输入回路和输出回路电压均为 24V。输入回路也可以使用内置的 DC 24V 电源。

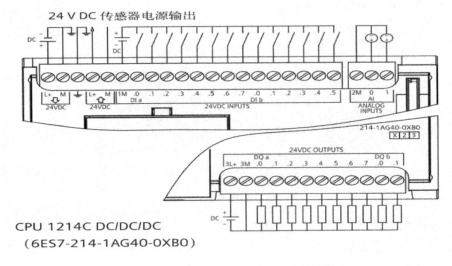

CPU 1214C DC/DC/DC
(6ES7-214-1AG40-0XB0)

图 2.10　CPU 1214C DC/DC/DC 外部接线图

2) CPU 1214C AC/DC/Relay(继电器)的外部接线图如图 2.11 所示。输入回路一般使用 CPU 内置的 DC 24V 传感器电源,漏型输入时将输入回路的 1M 端子与 DC 24V 传感器电源的 M 端子连接起来,将内置的 24V 的 L+端子接到外接触点的公共端。源型输入时将 DC 24V 传感器电源的 L+端子连接到 1M 端子。

3) CPU 1214C DC/DC/Relay 的外部接线图如图 2.12 所示,其电源电压为 DC 24V。

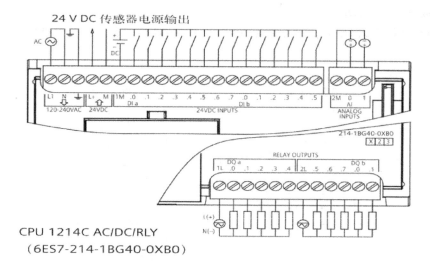

图 2.11　CPU 1214C AC/DC/Relay(继电器)的外部接线图

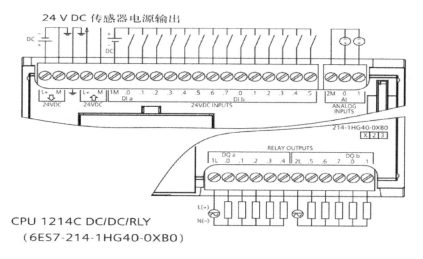

图 2.12　CPU 1214 DC/DC/Relay(继电器)的外部接线图

☞ **小提示**

在安装和移动 S7-1200 PLC 模块及其相关设备之前,一定要切断所有的电源。S7-1200 PLC 设计安装和现场接线时需注意:

① 使用正确的导线,采用芯径为 0.50～1.50 mm² 的导线。

② 尽量使用短导线(最长 500 mm 屏蔽线或 300 mm 非屏蔽线),导线要尽量成对使用,用一般中性或公共导线与一根热线或信号线相配对。

③ 将交流线和高能量快速开关的直流线与低能量的信号线隔开。

④ 针对闪电式浪涌,需安装合适的浪涌抑制设备。

⑤ 外部电源不要与 DC 输出点并联用作输出负载,这可能导致反向电流冲击输出,除非在安装时使用二极管或其他隔离栅。

（2）数字量输入（DI）接线

1）当数字量输入（DI）为无源触点（行程开关、接点温度计、压力计）时，其接线如图2.13所示。

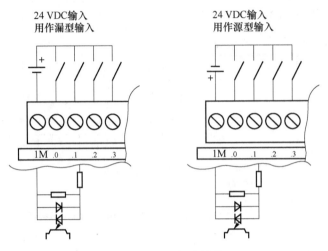

图2.13　无源触点接线

2）当数字量输入（DI）为有源直流输入信号接线（一般5 V、12 V、24 V）时，且和其他无源开关量信号以及其他有源的直流电压信号混合接入PLC输入点时，一定要注意电压0 V点的连接，如图2.14所示。

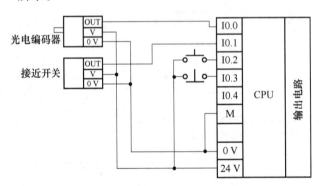

图2.14　有源直流输入接线

☞ **小资料**

数字量输入类型有源型和漏型两种。S7-1200 PLC集成的输入点和信号模板的所有输入点既支持漏型输入又支持源型输入，而信号板的输入点只支持源型输入或漏型输入的一种。

（3）数字量输出（DO）接线

1）晶体管输出形式的DO负载能力较弱，响应相对较快，接线如图2.15所示。

2）继电器输出形式的DO负载能力较强，响应相对较慢，接线如图2.16所示。

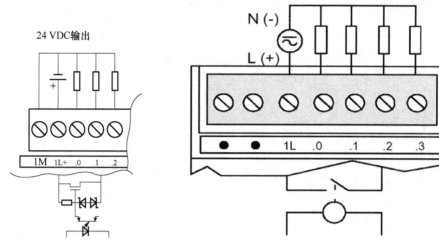

图 2.15　晶体管输出　　　　　图 2.16　继电器输出形式的 DO 接线图
形式的 DO 接线图

📖 **小资料**

　　S7-1200 PLC 数字量的输出信号类型,只由 200 kHz 的信号板输出,既支持漏型输出又支持源型输出,其他信号板、信号模块和 CPU 集成的晶体管输出都只支持源型输出。

　　(4) 模拟量输入/输出接线

　　1) 二线制:两根线既传输电源又传输信号,也就是传感器输出的负载和电源是串联在一起的,电源是从外部引入的,和负载串联在一起来驱动负载,如图 2.17 所示。

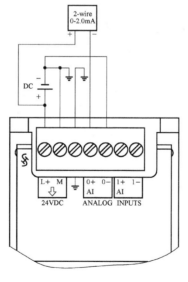

图 2.17　二线制接线

　　2) 三线制:电源正端和信号输出的正端分离,但它们共用一个 COM 端,如图 2.18 所示。

3）四线制：两根电源线、两根信号线。电源线和信号线分开工作,如图2.19所示。

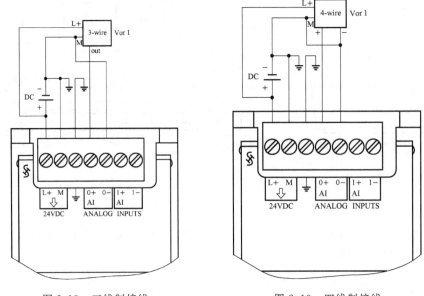

| 图 2.18   三线制接线 | 图 2.19   四线制接线 |

3. 任务小结

通过对 S7-1200 CPU 的现场接线任务的学习,让读者熟悉 S7-1200 CPU 的外部接线。包括 CPU 外部接线,数字量输入(DI)接线,数字量输出(DO)接线,模拟量输入/输出接线。

【知识梳理与总结】

本项目从 S7-1200 PLC 的安装维护、S7-1200 PLC 的接线两个任务入手让读者从直观到抽象,逐渐理解 S7-1200 PLC 的硬件结构以及现场安装接线。本项目要掌握的主要内容如下。

(1) S7-1200 PLC 各模块现场安装与拆卸。包括安装与拆卸 CPU,安装和拆卸信号模块,安装和拆卸通信模块,安装和拆卸信号板,安装和拆卸端子板。

(2) S7-1200 PLC 各模块现场接线。包括 CPU 外部接线,数字量输入(DI)接线,数字量输出(DO)接线,模拟量输入/输出接线。

项目三　S7-1200 PLC 程序设计基础

本项目从三相笼型异步电动机的正反转控制入手,让读者掌握 TIA 博途软件中变量表的使用,以及 S7-1200 PLC 仿真软件、程序状态功能、监控表格调试程序的方法。让读者对 S7-1200 PLC 编程语言、用户程序、系统存储器及数据类型有初步的了解。

【教学导航】

知识目标:
- 了解 S7-1200 PLC 的编程语言及其用户程序结构;
- 了解 S7-1200 PLC 数据类型及存储体结构;
- 掌握 PLC 变量表的使用;
- 掌握 S7-1200 PLC 仿真软件调试程序的方法;
- 掌握程序状态功能调试程序;

知识难点:
- S7-1200 PLC 仿真软件和程序状态功能调试程序的方法。

能力目标:
- 学会建立 PLC 变量表;
- 学会使用 S7-1200 PLC 仿真软件调试程序;
- 学会用程序状态功能调试程序。

推荐教学方式:

从三相笼型异步电动机的正反转控制工作任务入手,通过完成任务让读者从直观到抽象,逐渐理解 PLC 变量表的使用、S7-1200 PLC 仿真软件以及程序状态功能调试程序的方法,并在完成任务过程中了解 S7-1200 PLC 存储体结构及数据类型。

任务 4　三相笼型异步电动机的正、反转控制

1. 目的与要求

通过三相笼型异步电动机的正、反转控制理解 PLC 变量表的使用、S7-1200 PLC 仿真软件以及程序状态功能调试程序的方法。

任务要求:按下正转启动按钮 SB2,KM1 的线圈通电并自保持,电动机正转运行;按下反转启动按钮 SB3,KM2 的线圈通电并自保持,电动机反转运行;按下停止按钮 SB1,KM1

或 KM2 的线圈断电,电动机停止运行。

2. 操作步骤

(1) I/O 分配

如图 3.1 所示为三相笼型异步电动机的正、反转控制线路图。

根据任务需求,输入点为:正转启动按钮(I0.0),反转启动按钮(I0.1),停止按钮(I0.2)。输出点为:电动机正转(Q0.0),电动机反转(Q0.1)。

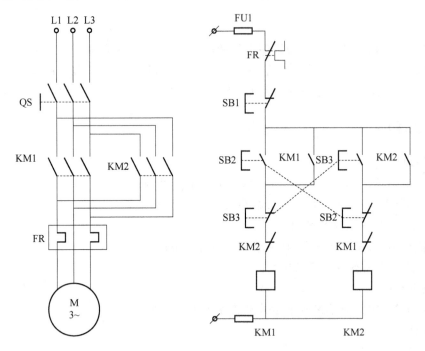

图 3.1　三相笼型异步电动机的正、反转控制线路图

(2) 建立变量表

在 S7-1200 PLC 的编程理念中,特别强调符号寻址的使用。在开始编程之前,为输入、输出、中间变量定义在程序中使用的符号名。

双击项目树 PLC 设备下的"PLC 变量",打开 PLC 变量表编辑器,如图 3.2 所示。

图 3.2　电动机的正反转控制变量表

具体步骤:单击"名称"列,然后单击"添加",输入变量符号名,如"正转启动按钮",按Enter键确认,在"数据类型"列选择数据类型,如"Bool"型,在"地址"列输入地址,如"I0.0",按Enter键确认,在"注释"列根据需要输入注释。

☞ **小提示**

PLC变量表每次输入后系统都会执行语法检查,并且找到的任何错误都以红色显示,可以继续编辑以后进行所有更正。但是如果变量声明包含语法错误,程序将无法编译。

(3)参考程序

电动机正、反转控制参考程序如图3.3所示。

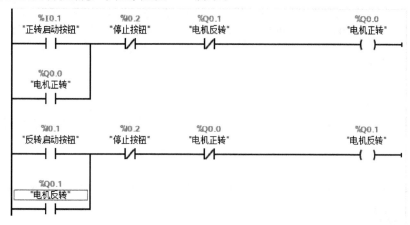

图3.3　电动机正、反转控制参考程序

(4)程序调试

程序调试有3种方法:使用仿真软件调试程序,程序状态功能调试程序,监控表监视、修改和强制变量调试程序。

1)使用仿真软件调试程序基本步骤

① 选中项目树中PLC_1,单击工具栏的"开始仿真"按钮,S7-PLCSIM V13被启动,出现S7-PLC SIM的精简视图(图3.4)。

图3.4　精简视图对话框

② 打开仿真软件后,出现"扩展的下载到设备"对话框。按图 3.5 设置好"PG/PC 接口的类型"为 PN/IE 和"PG/PC 接口"为 PLCSIM S7-1200/S7-1500,然后单点击"开始搜索",出现如图 3.6 所示对话框。

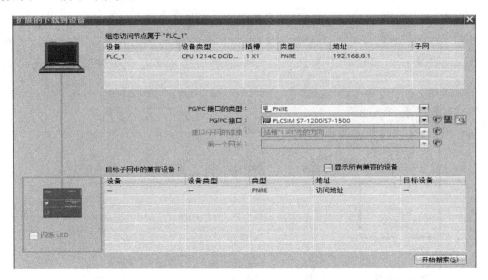

图 3.5　扩展的下载到设备对话框 1

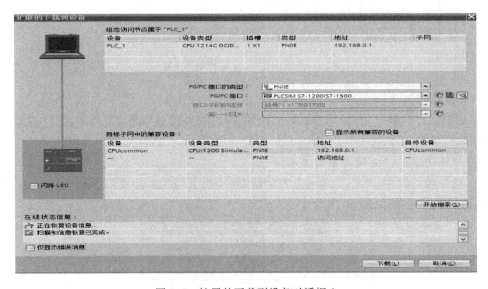

图 3.6　扩展的下载到设备对话框 2

③ 图 3.6 中,单击"下载"按钮,出现的对话框询问"是否将这些设置保存为 PG/PC 接口的默认值?"单击"是"按钮确定。出现"下载预览"对话框,编译组态成功后,勾选"全部覆盖"复选框,单击"下载"按钮,将程序下载到 PLC。

④ 下载结束后,仿真 PLC 被切换到 RUN 模式(图 3.7)。

图 3.7　RUN 模式

⑤ 生成仿真表。单击图 3.7 右下角按钮 🔽,单击项目树的"SIM 表"(仿真表)文件夹中的"SIM 表 1",打开该仿真。在"地址"列输入 IB0 和 QB0,可以用一行来分别设置和显示 I0.0～I0.7 和 Q0.0～Q0.7 的状态,如图 3.8 所示。

图 3.8　S7-PLCSIM 的项目视图

⑥ 用仿真表调试程序。

仿真表调试程序如图 3.9 所示。

图 3.9　仿真表调试程序

双击 I0.2 对应的小方框,模拟按下和放开停止按钮。由于用户程序的作用,Q0.0 变为 FALSE,电动机停止运行。

双击图中第一行"位"列中的小方框,方框中出现"√",I0.1 变成 TRUE 后又变成 FALSE,模拟按下和放开电机反转启动按钮。梯形图中 I0.1 的常开触点闭合后又断开。

由于 OB1 中程序的作用，Q0.1（电机反转）变为 TRUE，梯形图中其线圈通电，SIM 表中 QB0 所在行右边 Q0.1 对应的小方框中出现"√"（图 3.9）。

双击 I0.2 对应的小方框，模拟按下和放开停止按钮。由于用户程序的作用，Q0.1 变为 FALSE，电动机停止运行。

2）用程序状态监视功能调试程序基本步骤

① 在确认编程计算机与 S7-1200 连接后，打开需要监视的代码块，单击工具栏上的 按钮，可以在线监视程序。其中梯形图用绿色实线表示能流导通，用蓝色虚线表示能流断开，如图 3.10 所示。当按下正转启动按钮 I0.0 时，线圈 Q0.0 通电。

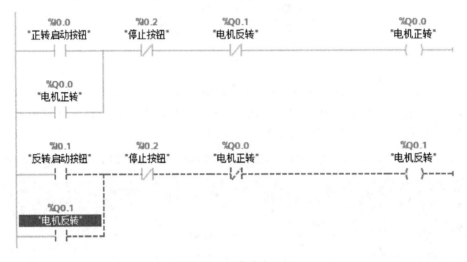

图 3.10　程序状态监视

② 可以对显示的一些变量通过单击鼠标右键选择"修改"功能对其数值进行修改，例如选中 Q0.0，单击鼠标右键选择"修改"→"修改为 1"或"修改为 0"，如图 3.11 所示。再一次单击 按钮，可以取消在线监视。

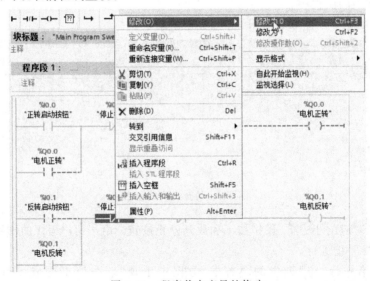

图 3.11　程序状态变量的修改

☞ **小提示**

不能修改连接外部硬件输入电路的 I 值。

3）用监控表格调试程序基本步骤

① 生成监控表

打开项目树 PLC 设备下"监控与强制表"文件夹，双击"添加新监控表"，则自动生成并打开一个名为"监控表_1"的监控表格。按鼠标右键可以将"监视表格_1"重命名。根据需要可为一台 PLC 生成多个监控表。

② 在监控表内输入变量

在监控表的名称列分别输入与 PLC 变量表中相同的变量名称，也可以复制 PLC 变量表中的变量名称，然后将它粘贴到监控表的"名称"列，这样可以快速生成监控表中的变量。如图 3.12 所示。

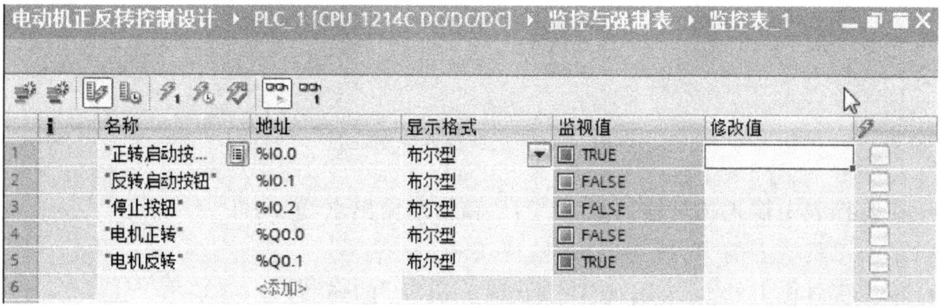

图 3.12　监控表格

③ 监视变量

在确认编程计算机与 S7 -1200 连接后，单击监控表格的工具栏中 ，启动"监视全部"功能，将在"监视值"列连续显示变量的动态实际值。再次点击该按钮，将关闭监视功能。

单击"立即一次性监视所有值"按钮 ，则立即监视变量一次。位变量为 TRUE 时，监视值列的方框指示灯为绿色。位变量为 FALSE 时，指示灯为灰色，如图 3.12 所示。

④ 修改变量

➤ M 存储区变量修改

如图 3.12 所示，在将要修改的存储地址右侧的修改值列直接输入修改值，单击工具栏按钮"立即一次性修改所有选定值"或右键选择"修改"→"立即修改"，即可完成修改。

➤ 修改输入、输出

单击监控表格工具栏中"显示/隐藏高级设置列"按钮，使用触发器监视和修改。如图 3.13 所示使用触发器修改，如设置永久修改 I0.0 为 TRUE，单击工具栏中的通过触发器修改按钮，可以根据需要设置是在"扫描周期开始永久"还是"扫描周期结束永久"，"扫描周期开始仅一次"还是"扫描周期结束仅一次"，"切换到 STOP 时永久"还是"切换到 STOP 时仅一次"。

图 3.13　使用触发器修改

> 用监控表强制变量

可以用监控表给用户程序中的单个变量指定固定的值,称为强制(Force)。

S7 -1200 只能强制物理 I/O 点,如 I0.0:P、Q0.0:P,如图 3.14 所示。其步骤如下:

图 3.14　用监控表强制变量

- 在监控表中输入物理输入点 I0.0:P 和物理输出点 Q0.0:P。
- 单击工具栏上的 ⚏ 按钮,启动监视功能。
- 单击工具栏上的 ⊞ 按钮,监控表出现标有"F"的强制列。
- 在 I0.0:P 的"值"列输入 1,单击其他地方,1 变为 TRUE。
- 用 F 列的复选框选中该变量,单击工具栏上的 F 按钮,启动激活了强制功能。

☞ 小经验

　　程序状态监控功能只能在屏幕上显示一小块程序,调试较大的程序时,往往不能同时看到与某一程序功能有关的全部变量的状态。

　　监控表(Watch Table)可以有效地解决上述问题。使用监控表可以在工作区同时监控、修改和强制用户感兴趣的全部变量。一个项目可以生成多个监控表,以满足不同的调试要求。

3. 任务小结

通过本任务的学习让读者学会 PLC 变量表的使用和 PLC-1200 调试程序的方法。
PLC-1200 调试程序的方法如下:

　　(1) 使用仿真软件调试程序;

　　(2) 用程序状态监视功能调试程序;

　　(3) 用监控表格调试程序。

3.1　S7-1200 的编程语言

　　IEC(国际电工委员会)是为电子技术的所有领域制定全球标准的国际组织。

IEC 61131 是 PLC 的国际标准,其中第三部分 IEC 61131-3 是 PLC 的编程语言标准。IEC 61131-3 是世界首个也是至今唯一的工业控制系统的编程语言标准,已经成为 DCS(集散控制系统)、IPC(工控机)、FCS(现场总线控制系统)、SCADA(监控与数据采集)和运动控制系统事实上的软件标准。

IEC 61131-3 的 5 种编程语言:指令表、结构文本、梯形图、功能块图、顺序功能图。

S7-1200PLC 仅支持梯形图和功能块图两种编程语言。

3.1.1 梯形图编程语言

梯形图是使用得最多的 PLC 图形编程语言,由触点、线圈和用方框表示的指令框组成。触点和线圈组成的电路称为程序段,Step 7 Basic 自动为程序段编号。如图 3.15 所示。

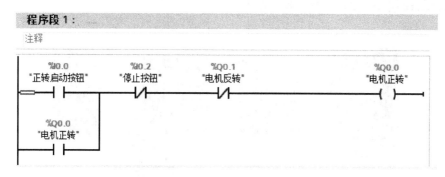

图 3.15 梯形图

3.1.2 功能块图编程语言

功能块图使用类似于数字电路的图形逻辑来表示控制逻辑,如图 3.16 所示。

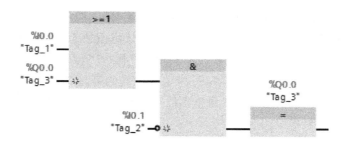

图 3.16 功能块图

3.1.3 SCL 语句表编程语言

S7-1200 语句表编程语言是一种与计算机的汇编语言中的指令相似的助记符表达式,类似于机器码。每条语句对应 CPU 处理程序中的一步。CPU 执行程序时则按每一条指令一步一步地执行。

3.2 用户程序结构

在 S7-1200 中采用了块的概念,即将程序分解成独立的自成体系的各个部件,如图 3.17 所示。块类似于子程序的功能,但类型更多,功能更强大。在工业控制中程序往往是非常强大和复杂的,采用块的概念便于大规模的程序设计和理解,也可以设计标准化的块程序进行重复调用。S7-1200 中支持的代码块可以有效地创建用户程序结构。代码块包括组织块(OB)、功能块(FB)、功能(FC)、数据块(DB)。在程序中当一个代码块调用另一个代码块时,CPU 会执行被调用程序的程序代码,执行完之后,CPU 会继续执行调用块。还可以进行块的嵌套调用,以实现更佳模块化的结构。

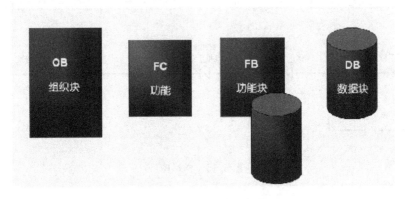

图 3.17　用户程序中的块

3.2.1 组织块(OB)

组织块(OB),是由操作系统调用的程序块,OB 对 CPU 中的特定事件做出响应并可以中断用户程序的特定执行。循环执行特定程序的默认组织块为 OB1,是唯一一个用户必需的代码块,为用户程序提供了基本结构。而其他 OB 执行了特定的功能,如处理启动任务、处理中断和错误或以特定的时间间隔执行特定程序代码等。CPU 根据分配给各个 OB 的优先级来确定中断事件的处理顺序。每个事件都具有一个特定的处理优先级,多个中断事件可合并为一个优先级等级。

3.2.2 功能块(FB)和功能(FC)

功能块(FB)是从另一个代码块(如 OB、FB 或 FC)进行调用时执行的子程序。调用块将参数传送到 FB,并标识背景数据块,分配给 FB 的背景数据块可以存储特定的调用的数据或者该 FB 背景。更改背景 DB 可很方便地实现用一个通用 FB 控制一组设备的运行。

功能(FC)是从另一个代码块,如 FB 或 FC 进行调用时执行的子程序。FC 不具有背景数据块,调用块将参数传送给 FC。如果用户程序的其他元素需要使用 FC 的输出值,则必须将这些值写入存储器地址或使用全局数据块。

3.2.3　数据块(DB)

数据块的作用是在用户程序中创建数据块用来存储代码块的数据,它分为全局数据块和背景数据块。全局数据块中的数据,用户程序中的所有程序块都可以访问,称为共享数据块。背景数据块仅用于存储特定功能块(FB)的数据,可以将数据块定义为当前只读。

3.3　数据类型及不同存储区寻址

3.3.1　基本数据类型

S7-1200 数据类型用来描述数据的长度和属性。很多指令和代码块的参数支持多种数据类型。不同的任务使用不同长度的数据对象,如位逻辑指令使用位数据,传送指令使用字节、字和双字。字节、字和双字分别由 8 位、16 位和 32 位二进制数组成。基本数据类型如表 3.1 所示。

表 3.1　基本数据类型

变量类型	符号	位数	取值范围	常数举例
位	Bool	1	1,0	TRUE,FALSE 或 1,0
字节	Byte	8	$16\#00\sim16\#FF$	$16\#12,16\#AB$
字	Word	16	$16\#0000\sim16\#FFFF$	$16\#ABCD,16\#0001$
双字	DWord	32	$16\#00000000\sim16\#FFFFFFFF$	$16\#02468ACE$
字符	Char	8	$16\#00\sim16\#FF$	$'A''t''@'$
有符号字节	SInt	8	$-128\sim127$	$123,-123$
整数	Int	16	$-32\ 768\sim32\ 767$	$123,-123$
双整数	Dint	32	$-2\ 147\ 483\ 648\sim2\ 147\ 483\ 647$	$123,-123$
无符号字节	USInt	8	$0\sim255$	123
无符号整数	UInt	16	$0\sim65\ 535$	123
无符号双整数	UDInt	32	$0\sim4\ 294\ 967\ 295$	123
浮点数(实数)	Real	32	$\pm1.175\ 495\times10^{-38}\sim\pm3.402\ 823\times10^{38}$	$12.45,-3.4,-1.2E+3$
双精度浮点数	LReal	64	$\pm2.225\ 073\ 858\ 507\ 202\ 0\times10^{-308}\sim$ $\pm1.797\ 693\ 134\ 862\ 315\ 7\times10^{308}$	$12\ 345.123\ 45$ $-1,2E+40$
时间	Time	32	$T\#-24d20h31m23s648ms\sim$ $T\#24d20h31m23s648ms$	$1\#1d\_2h\_15m\_30s\_45ms$

Time 是有符号双整数,其单位为 ms,能表示的最大时间为 24 天。

3.3.2　复杂数据类型

复杂数据类型如表 3.2 所示。

表 3.2　复杂数据类型

数据类型	描述
DTL	DTL 数据类型表示由日期和时间定义的时间点
STRLNG	STRLNG 数据类型表示最多包含 254 个字符的字符串
ARRAY	ARRAY 数据类型表示由固定数目的同一数据类型的元素组成的域
STRUCT	STRUCT 数据类型表示由固定数目的元素组成的结构。不同的结构元素可具有不同的数据类型

DTL(长格式日期和时间):表示一种 12 B 的结构,以预定的结构保存日期和时间信息。

ARRAY:表示由固定数目的同一数据类型的元素组成的域,所有基本数据类型的元素都可以组合在 ARRAY 变量中。ARRAY 元素的范围信息显示在关键字 ARRAY 后面的方括号中。

STRUCT:表示由固定数目的元素组成的结构。不同的结构元素可具有不同的数据类型。不能在 STRUCT 变量中嵌套结构。STRUCT 变量始终以具有地址的一个字节开始,并占用直到下一个限制的内存。

3.3.3　不同存储区寻址

S7-1200 中提供了全局存储器、数据块和临时存储器等,用于在执行用户程序期间存储数据。全局存储器指各种专用存储区,如输入映像区 I 区,输出映像区 Q 区和位寻址区 M 区。所有块可以无限制地访问该存储器。

1. 字节,字节.位寻址

字节:8 位二进制数组成 1 个字节(Byte)。

字节寻址方式:对字节的寻址,例如 MB2,其中区域标识符 M 表示位存储区,2 表示寻址单元的起始字节地址,B 表示寻址长度为一个字节,也就是寻址位存储区的第二个字节。

"字节.位"寻址方式:对位数据的寻址,由字节地址和位地址组成。如 I3.2,首位字母表示存储器标识符,I 表示输入过程映像区,如图 3.18 所示,字节地址为 3,位地址为 2。

2. 字,双字寻址

字:字由相邻的两个字节组成。

字寻址:对字的寻址,例如 MW100,如图 3.19 所示,其中的区域标识符 M 表示位存储区,100 表示寻址单元的起始字节地址,W 表示寻址长度为 1 个字,即 2 个字节。也就是寻址位存储器第二个字节开始的一个字,即 MB100 和 MB101。

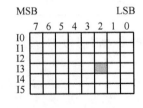

图 3.18　"字节.位"寻址

图 3.19　双字寻址

☞ **小知识**

2个地址组成一个字时,遵循的是低地址高字节的原则。例如MW100,MB100为MW100的高字节,MB101为MW100的低字节。

双字寻址:对于双字寻址,例如MD100,如图3.20所示,其中的区域标识符M表示位存储区,100表示寻址单元的起始字节地址,D表示寻址长度为1个双字,即2个字4个字节,也就是寻址位存储区第100个字节开始的一个双字,即MB100、MB101、MB102、MB103。

图3.20　双字寻址

3. 浮点数

2位的浮点数又称为实数(Real)。浮点数的优点是用很小的存储空间(4 B)表示非常大和非常小的数。

PLC输入和输出的数值大多是整数,例如模拟量输入和输出值,用浮点数来处理这些数据需要进行整数和浮点数之间的转换,浮点数的运算速度比整数的运算速度慢一些。

在编程软件中,用十进制小数来表示浮点数,例如50是整数,50.0为浮点数。

3.3.4　系统存储器

系统存储器如表3.3所示。

表3.3　系统存储器

存储区	描述	强制	保持
过程映像输入(I)	在扫描循环开始时,从物理输入复制的输入值	Yes	No
物理输入(I_:P)	通过该区域立即读取物理输入	No	No
过程映像输出(Q)	在扫描循环开始时,将输出值写入物理输出	Yes	No
物理输出(Q_:P)	通过区域立即写物理输出	No	No
位存储器(M)	用于存储用户程序的中间运算结果或标志位	No	Yes
临时局部存储器(L)	块的临时局部数据,只能供块内部使用,只可以通过符合方式来访问	No	No
数据块(DB)	数据存储器与FB的参数存储器	No	Yes

1. 过程映像输入(I)/输出(Q)

存储器中的输入映像I区,是在CPU每个扫描周期读取的外围物理输入点状态,可以按位、字节、字或双字访问输入过程映像,允许对过程映像输入进行读写访问。但过程映像输入通常为只读,通过在地址后面添加:P,可以立即读取CPU、SB、SM的数字输入和模拟输入。

☞ **小资料**

　　使用物理输入 I_:P 访问和直接使用 I 访问的区别是前者直接从被访问点而非从输入过程映像区获得数据。因为数据是直接从物理输入点读取,所以 I_:P 访问为立即读访问。与可读或可写的 I 访问不同的是立即读访问为只读访问。

　　CPU 将存储在输出过程映像中的值复制到物理输出点,可按位、字节、字或双字访问输出过程映像。过程映像输出允许读访问和写访问,通过在地址后面添加:P,可以立即写入 CPU、SB、SM 的物理数字输出和模拟输出。

☞ **小资料**

　　使用物理输出 Q_:P 访问和使用 Q 访问的区别是前者除了将数据写入输出过程映像外,还直接将数据写入被访问点,也就是写入两个位置。因为数据是被直接发送到实际设备,所以这种 Q_:P 访问有时被称为立即写访问。目标点不必等待输出过程映像的下一次更新。与可读可写的 Q 访问不同的是立即写访问为只写访问。

2. 位存储区

　　位存储区(M)用于存储用户程序的中间运算结果或标志位。可以用位、字节、字或双字读/写位存储区。

3. 临时局部存储器(L)

　　临时局部存储器(L)用于存储代码块被处理时使用的临时数据。只能供块内部使用,只可以通过符合方式来访问,其功能等同于位存储区(M)。两者的区别是存储区(M)是全局变量,临时局部存储器(L)为局部变量。

4. 位存储器(M)

　　用于存储用户程序的中间运算结果或标志位。可以用位、字节、字或双字读/写位存储区。

5. 数据块(DB)

　　用来存储代码块使用的各种类型的数据,包括数据存储器与 FB 的参数存储器。

【知识梳理与总结】

　　本项目介绍了 PLC-1200 编程语言、用户程序、系统存储器及数据类型。通过三相笼型异步电动机的正、反转控制任务入手,训练 PLC-1200 仿真软件、程序状态功能、监视表格调试程序的方法。

　　本项目要掌握的重点内容包括:

　　(1) S7-1200 的编程语言及其用户程序结构;

　　(2) S7-1200 数据类型及存储体结构;

　　(3) 掌握 PLC 变量表的使用;

　　(4) 掌握 PLC-1200 仿真软件调试程序方法;

　　(5) 掌握程序状态功能调试程序方法;

　　(6) 掌握监控表格调试程序的方法。

项目四 S7-1200 PLC 指令系统

本项目从故障信息显示电路,用 3 种定时器设计卫生间冲水控制电路,展厅人数控制系统,广场喷泉控制系统,彩灯控制电路设计,设备维护提醒控制系统 6 个任务入手,让读者掌握 S7-1200 指令系统的同时进一步巩固学习博途软件中仿真软件、程序状态功能调试程序的方法。通过指令系统的学习让读者对 S7-1200 编程语言、用户程序、系统存储器及数据类型有更深入地理解。

【教学导航】

知识重点:

- 位逻辑、基本逻辑指令;
- 定时器指令;
- 计数器指令;
- 数据处理指令;
- 数学函数指令;
- 字逻辑运算指令;
- 程序控制操作指令;
- 扩展指令。

知识难点:

- 定时器与计数器的使用。

能力目标:

- 学会使用 S7-1200 指令系统完成具体任务的梯形图编写。

推荐教学方式:

从工作任务入手,通过完成任务让读者从直观到抽象,逐渐理解 S7-1200 指令系统及其应用。

任务 5 故障信息显示电路

1. 目的与要求

通过故障信息显示电路的设计,让读者了解 S7-1200 位逻辑指令的基本应用以及梯形图的设计方法。

设计故障信息显示电路,从故障信号 I0.0 的上升沿开始,使 Q0.4 控制的指示灯以

1 Hz 的频率闪烁。操作人员按复位按钮 I0.1 后。如果故障已经消失,则指示灯熄灭;如果没有消失,则指示灯转为常亮,直至故障消失。

2. 操作步骤

(1) I/O 分配

根据任务需求分析,输入点为:故障信号(I0.0),复位按钮(I0.1)。输出点为:指示灯(Q0.4)。

(2) 建立变量表

在 S7-1200 的编程理念中,特别强调符号寻址的使用。在开始编程之前,为输入、输出、中间变量定义在程序中使用的符号名。

双击项目树 PLC 设备下的"PLC 变量",打开 PLC 变量表编辑器,如图 4.1 所示。

图 4.1 故障信息显示电路变量表

具体步骤:单击"名称"列,然后单击"添加",输入变量符号名,如"故障信号",按 Enter 键确认,在"数据类型"列选择数据类型,如"Bool"型,在"地址"列输入地址如"I0.0",按 Enter 键确认,在"注释"列根据需要输入注释。如图 4.1 所示,依次将"复位按钮(I0.1)""指示灯(Q0.4)""中间变量 M4.0"填写在变量表中。

(3) 参考程序

参考程序如图 4.2 所示。

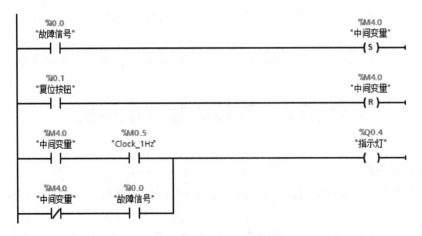

图 4.2 故障信息显示电路参考程序

其中 M0.5 为 CPU 时钟存储器 MB0 的第五位,其时钟频率为 1 Hz。

☞ **小知识**

　　1 Hz 时钟频率的产生:设置 CPU 的属性,令 MB0 为时钟存储器字节,如图 4.3 所示,其中的 M0.5 提供周期为 1 Hz 的时钟脉冲。

图 4.3　时钟存储器字节

3. 任务小结

通过本任务的学习,让读者学会 S7-1200 位逻辑指令的应用以及梯形图的设计方法。

4. 举一反三

抢答器设计。抢答器有 I0.0、I0.1 和 I0.2 三个输入,对应输出分别为 Q0.0、Q0.1 和 Q0.2,复位输入是 I0.4。要求:三人任意抢答,谁先按动瞬时按钮,谁的指示灯先亮,且只能亮一盏灯。进行下一问题时主持人按复位按钮,抢答器重新开始。

4.1　位逻辑指令

　　位逻辑指令是 PLC 编程中使用最基本、最频繁的指令。按不同的功能用途具有不同的形式,S7-1200 中的位逻辑指令可以分为:基本位逻辑指令、置位/复位指令、上升沿/下降沿指令。

4.1.1　基本位逻辑指令

基本位逻辑指令如表 4.1 所示。

表 4.1　基本位逻辑指令

图形符号	功能
—∣ ∣—	常开触点（地址）
—∣／∣—	常闭触点（地址）
—（ ）—	输出线圈
—（／）—	反向输出线圈
—∣ NOT ∣—	取反

1. 常开触点与常闭触点

常开触点 —∣"bit"∣— 指定的位"bit"为 1 时，常开触点闭合，为 0 时常开触点断开。常闭触点 —∣"bit"／∣— 指定的位"bit"为 0 时，常闭触点闭合，为 1 时常闭触点断开。两个触点串联将进行"与"运算，两个触点并联将进行"或"操作。"bit"为 Bool 型变量。

如图 4.4 所示，I0.0 和 I0.1 是与的关系。当 I0.0＝1，I0.1＝0 时，Q0.0＝1；当 I0.0＝1，I0.1＝1 时，Q0.0＝0；当 I0.0＝0，I0.1＝0 时，Q0.0＝0；当 I0.0＝0，I0.1＝1 时，Q0.0＝0。

图 4.4　触点和输出的举例

2. 线圈

指令执行时，CPU 根据能流流入线圈的情况将指定的存储器位写入新值，若有能流流过线圈，则将 —（"bit"）— 中的"bit"位置 1；若没有能流流过线圈，则将 —（"bit"）— 中的"bit"位置 0。

取反输出线圈，若有能流流过线圈，则将 —（"bit"／）— 中的"bit"位置 0；若没有能流流过线圈，则将 —（"bit"／）— 中的"bit"位置 1。"bit"为 Bool 型变量。

3. 逻辑取反

逻辑取反指令 —∣NOT∣—，该指令执行时，对能流的输入状态取反。如果没有能流流过"NOT"触点，则会有能流流出。如果有能流流过"NOT"触点，则没有能流流出。如图 4.5 所示。

I0.0，I0.1，NOT 是与的关系，Q0.0 和 Q0.1 是"或"的关系。当 I0.0＝1，I0.1＝0 时，Q0.0＝0，Q0.1＝1。

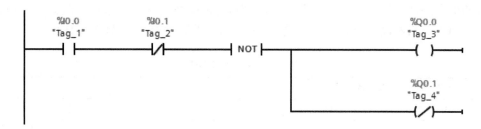

图 4.5　基本逻辑指令实例

4.1.2　置位/复位指令

置位指令 $-\!(S)\!-$，其中"bit"代表 Bool 型变量，指令激活时"bit"处的位数据值被设置为"1"。指令不激活时"bit"处的位数据值不变。

复位指令 $-\!(R)\!-$，指令激活时"bit"处的位数据值被设置为"0"，指令不激活时"bit"处的位数据值不变。如图 4.6 所示，当 I0.0＝1 时，Q0.0＝1；当 I0.1＝1 时，Q0.1＝0。

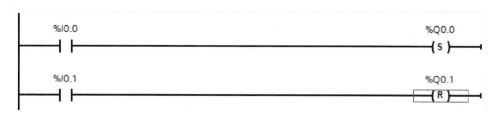

图 4.6　置位、复位输出指令

置位位域 $-\!(SET\_BF)\!-$，其中"bit"代表 Bool 型变量，n 为常数，指令激活时"bit"处开始的 n 位数据值被设置为"1"，指令不激活时"bit"处的位数据值不变。

复位位域 $-\!(RESET\_BF)\!-$，其中"bit"代表 Bool 型变量，n 为常数，指令激活时"bit"处开始的 n 位数据值被设置为"0"，指令不激活时"bit"处的位数据值不变。如图 4.7 所示，当 I0.0＝1 时，Q0.0 开始的连续 4 个输出位，即 Q0.0、Q0.1、Q0.2、Q0.3 都为 1。当 I0.1＝1 时，Q0.1 开始的连续 5 个输出位，即 Q0.1、Q0.2、Q0.3、Q0.4、Q0.5 都为 0。

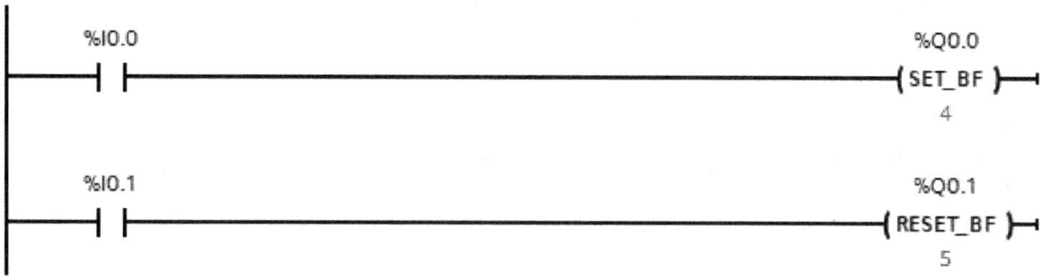

```
        %I0.0                                    %Q0.0
        ┤├                                     ─(SET_BF)─
                                                   4

        %I0.1                                    %Q0.1
        ┤├                                    ─(RESET_BF)─
                                                   5
```

图 4.7　置位域与复位域输出指令

复位优先 SR 触发器，置位优先 RS 触发器，输出与输入的关系如表 4-2 所示，从表中可以看出两种触发器区别在于最下面一行。当置位端（S）和复位端（R）同时为 1 时，触发器的两个输入端谁在后谁优先。例如 SR,当置位端(S),复位端($R1$)两个输入端同时为 1 时,则复位优先。而 RS,当置位端($S1$)和复位端(R)两个输入端同时为 1 时,则置位优先。

表 4.2　SR 与 RS 触发器的功能

置位/复位(SR)触发器			复位/置位(RS)触发器		
S	$R1$	输出位	$S1$	R	输出位
0	0	保持前一状态	0	0	保持前一状态
0	1	0	0	1	0
1	0	1	1	0	1
1	1	0	1	1	1

4.1.3　上升沿/下降沿指令

P 触点指令 $\overset{\text{"bit"}}{\underset{\text{"M\_bit"}}{\dashv\text{P}\vdash}}$,当检测到它前面的逻辑状态由 0 变为 1 的正跳变时,即检测到"$\_\Gamma$"时,该触点接通一个扫描周期。其中"bit"为 Bool 型变量,要检测其跳变沿的输入位。"M_bit"为 Bool 型变量,保存输入的前一个状态的存储器位。如图 4.8 所示,当 I0.0＝1,I0.1 由 0 到 1 的上升沿时,Q0.0 接通一个扫描周期。

图 4.8　P 触点指令

N 触点指令 $\overset{\text{"bit"}}{\underset{\text{"M\_bit"}}{\dashv\text{N}\vdash}}$,当检测到它前面的逻辑状态由 1 变为 0 的负跳变时,即检测到"$\urcorner\_$"时,该触点接通一个扫描周期。

P 线圈指令 $\overset{\text{"bit"}}{\underset{\text{"M\_bit"}}{\dashv(\text{P})\vdash}}$,当检测到它前面的逻辑状态由 0 变为 1 的正跳变时,即检测到"$\_\Gamma$"时,"bit"处的位数据值在一个扫描周期内设置为 1。"bit"为 Bool 型变量,指示检测其跳变沿的输出位。"M_bit"为 Bool 型变量,保存输入的前一个状态的存储器位,如图 4.9 所示。

图 4.9　P 线圈输出

N 线圈指令 $\overset{\text{"bit"}}{\underset{\text{"M\_bit"}}{\dashv(\text{N})\vdash}}$,当检测到它前面的逻辑状态由 1 变为 0 的负跳变时,即检测到"$\urcorner\_$"时,"bit"处的位数据值在一个扫描周期内设置为 1。

P 触发器指令 ，当检测到 CLK 输入的逻辑状态由 0 变为 1 的正跳变时，即检测到“_┌”时，在一个扫描周期内 Q 输出为 1。“M_bit”为 Bool 型变量，保存输入的前一个状态的存储器位。如图 4.10 所示。当 I0.0 有一个上升沿时，Q0.0 接通一个扫描周期，I0.0 的状态保存在 M4.0 中。

%I0.0
"Tag_1"
P_TRIG
CLK
Q
%M4.0
"Tag_6"
%Q0.0
"Tag_3"

图 4.10　P 触发器实例

N 触发器指令 ，当检测到 CLK 输入的逻辑状态由 1 变为 0 的负跳变时，即检测到“┐_”时，在一个扫描周期内 Q 输出为 1。

任务 6　卫生间冲水控制电路设计

1. 目的与要求

通过对卫生间冲水控制电路设计，让读者了解 S7-1200 指令系统中定时器的应用场合，以及梯形图的设计方法。

用三种定时器，即接通延时定时器、脉冲定时器、关断延时定时器设计卫生间冲水控制电路。

2. 操作步骤

(1) I/O 分配

根据任务需求分析，输入点为：光电开关检测(I0.7)。输出点为：冲水电磁阀(Q1.0)。

(2) 建立变量表

变量表如图 4.11 所示。

卫生间冲水控制电路 ▸ PLC_1 [CPU 1214C DC/DC/DC] ▸ PLC 变量

变量　用户常量　系统常量

PLC 变量

	名称	变量表	数据类型	地址	保持	在 H...	可从 ...	注释
1	光电检测开关	默认变量表	Bool	%I0.0	☐	☑	☑	
2	冲水电磁阀	默认变量表	Bool	%Q0.1	☐	☑	☑	
3	<添加>				☐	☑	☑	

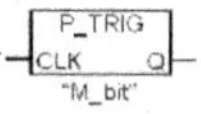

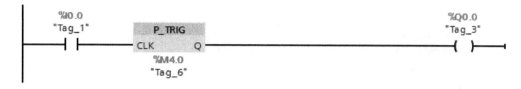

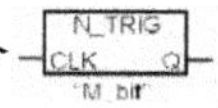

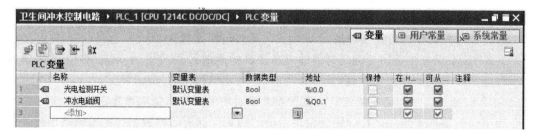

图 4.11　卫生间冲水控制电路变量表

(3) 参考程序

卫生间冲水控制电路参考程序如图 4.12 所示。

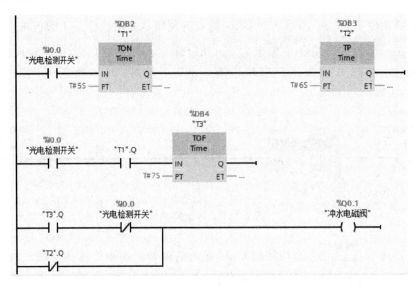

图 4.12　卫生间冲水控制电路参考程序

3. 任务小结

通过本任务的学习让读者学会 S7-1200 指令系统中接通延时定时器、脉冲定时器、关断延时定时器使用以及梯形图的设计方法。

4. 举一反三

两条运输带顺序相连，为避免运送的物料在 1 号运输带上堆积，按下起动按钮 I0.3，1 号带开始运行，8s 后 2 号带自动起动。停机的顺序与起动的顺序相反，按了停止按钮 I0.2 后，先停 2 号带，8s 后停 1 号带。Q1.1 和 Q0.6 控制两台电动机 M1 和 M2。

4.2　定时器指令

定时器的基本功能:使用定时器指令可创建编程的时间延迟。S7-1200 PLC 有 4 种定时器。

➢ TP:脉冲定时器可生成具有预设宽度时间的脉冲。

➢ TON:接通延迟定时器输出 Q 在预设的延时过后设置为 ON。

➢ TOF:关断延迟定时器输出 Q 在预设的延时过后重置为 OFF。

➢ TONR:保持型接通延迟定时器输出在预设的延时过后设置为 ON。在使用 R 输入重置经过的时间之前,会跨越多个定时时段一直累加经过的时间。

➢ RT:通过清除存储在指定定时器背景数据块中的时间数据来重置定时器。

每个定时器都使用一个存储在数据块中的结构来保存定时器数据。在编辑器中放置定时器指令时可分配该数据块称为背景数据块。

4.2.1　脉冲定时器 TP

脉冲定时器 TP,如图 4.13 所示,当使能端 IN 有上升沿时,定时器开始定时,当前值

ET 递增,同时输出置位。当前值 ET 等于预设值 PT 时,定时器的输出复位,定时器停止计时。若此时使能端 IN 为高电平,则保持当前计数值。若使能端 IN 端变为低电平时,当前值清 0。在定时器的定时过程中使能端 IN 对新来的上升沿不起作用。

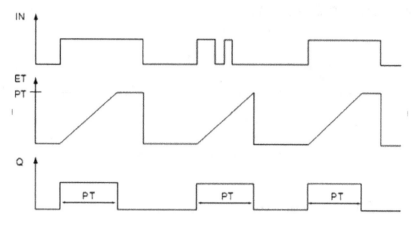

图 4.13 脉冲定时器时序图

如图 4.14 所示,当 I0.4 由 0 变为 1 时,T1 开始定时,Q0.0＝1。在 T1 定时过程中,即使 IN 端有变化,定时器也不受影响,直到当前定时值 ET 等于预设值 PT 时,Q0.0＝0,同时T1 停止定时。若此时使能端 IN 为高电平,则保持当前计数值。若使能端 IN 端变为 0 时,当前值 ET 清 0。

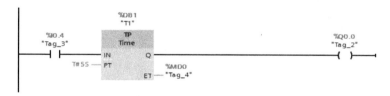

图 4.14 脉冲定时器实例

4.2.2 接通延时定时器 TON

接通延时定时器 TON,如图 4.15 所示,当使能端 IN 接通时,定时器开始定时,当前值 ET 递增,当前值等于预设值 PT 时,定时器的输出置位,定时器停止计数,保持当前计数值。

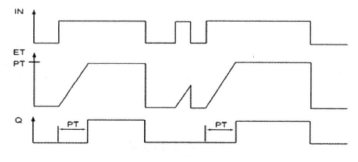

图 4.15 接通延时定时器时序图

当使能端 IN 断开时,定时器的当前值和输出状态复位。若使能端 IN 断开时,定时器当前值小于预设值,定时器的当前值也复位为 0。

如图 4.16 所示,当 I0.5＝1 时,定时器 T1 通电,MD0 内容开始递增,当 MD0 的内容等于 5 s 时,Q0.0 置位,定时器停止计数。

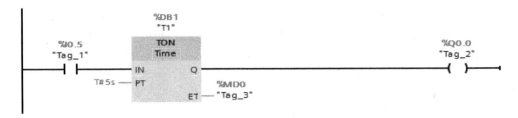

图 4.16　接通延时定时器实例

4.2.3　关断延时定时器 TOF

关断延时定时器 TOF,如图 4.17 所示,当使能端 IN 接通时,启动定时器,定时器当前值复位,输出接通且为 1;当使能端 IN 断开时,定时器开始定时,当前值 ET 递增,当前值 ET 等于预设值 PT 时,定时器的输出复位,定时器停止计时并保持当前值。

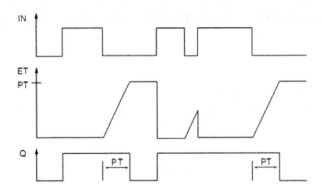

图 4.17　关断延时定时器时序图

如图 4.18 所示,当 I0.4 有上升沿时,Q0.0＝1,ET＝0;当 I0.4＝0 时,开始定时,当前定时时间 ET 等于预设值 PT 时,Q＝0,当前时间保持不变。

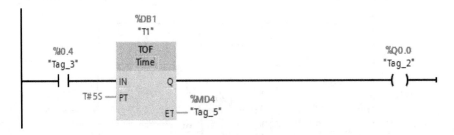

图 4.18　关断延时定时器实例

4.2.4　时间累加器 TONR

时间累加器 TONR,如图 4.19 所示,当定时器的输入端 IN 有上升沿时,定时器启动开始加定时;当 IN 端变为 0 时,定时器停止工作并保持当前计数值。当定时器的输入端 IN 再有上升沿到来时,定时器继续计时,当前值继续增加直到当前值 ET 等于预设值 PT 时,输出端置位,同时定时器停止。

复位:当复位端 R＝1 时,无论 IN 端如何,都会清除定时器中的当前定时值,而且输出端复位。

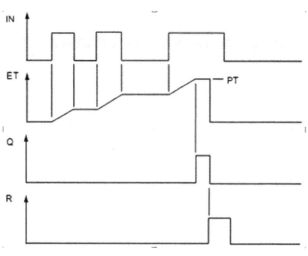

图 4.19　时间累加器时序图

4.2.5　复位定时器 RT

通过清除存储在指定定时器背景数据块中的时间数据来重置定时器。如图 4.20 所示。当 I0.1＝1 时,定时器 T2 复位。

图 4.20　复位定时器指令实例

任务 7　展厅人数控制系统

1. 目的与要求

通过展厅人数控制系统的设计,让读者了解 S7-1200 指令系统中计数器的使用以及梯形图设计方法。

现有一展厅,最多可容纳 50 人同时参观。展厅进口与出口各装一传感器,每有一人进入,传感器给出一个脉冲信号。试编程实现,当展厅内不足 50 人时,绿灯亮,表示可以进入;当展厅满 50 人时,红灯亮,表示不准进入。

2. 操作步骤

(1) I/O 分配

根据任务需求分析,输入点为:进口检测开关(I0.0),出口检测开关(I0.1),复位开关(I0.2)。输出点为:红灯(Q0.0),绿灯(Q0.1)。

(2) 建立变量表

建立变量表如图 4.21 所示。

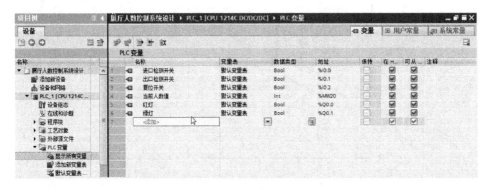

图 4.21　展厅人数控制系统变量表

(3) 参考程序

参考程序如图 4.22 所示。

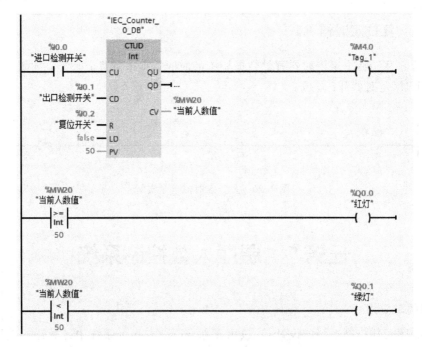

图 4.22　展厅人数控制系统参考程序

3. 任务小结

通过本任务的学习让读者学会 S7-1200 指令系统中加减计数器的使用以及梯形图的设计方法。

4. 举一反三

1. 编写开关灯控制程序。要求灯控按钮 I0.0 按下一次，灯 Q0.1 亮，按下两次，灯 Q0.1,Q0.2 全亮，按下三次灯全灭，如此循环。

2. 如图 4.23 所示，通过传送带电机 KM1 带动传送带传送物品，通过产品检测器 PH 检测产品通过的数量，传送带每传送 24 个产品机械手 KM2 动作 1 次，进行包装，机械手动作后，延时 2s，机械手的电磁铁的电源切断。通过传送带起动按钮、传送带停机按钮控制传送带的运动。

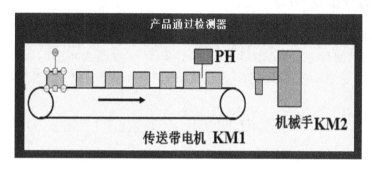

图 4.23　产品检测示意图

4.3　计数器指令

计数器用来累计计数脉冲的个数。S7-1200 有 3 种计数器：加计数器(CTU)、减计数器(CTD)和加减计数器(CTUD)。每个计数器都使用存储块中存储的结构来保存计数器数据。在编辑器中放置计数器指令时，分配相应的数据块及背景数据块，计数值的数据范围取决于所选的数据类型。

CU 和 CD 分别是加计数输入和减计数输入，在 CU 或 CD 由 0 变为 1 时，实际计数值 CV 加 1 或减 1。

复位输入 R 为 1 时，计数器被复位，CV 被清 0，计数器的输入 Q 变为 0。

4.3.1　加计数器 CTU

加计数器 CTU，如图 4.24 所示，参数 CU 的值从 0 变为 1 时，CTU 使计数值加 1。如果参数 CV(当前计数值)的值大于或等于参数 PV (预设计数值)的值，则计数器输出参数 Q=1。如果复位参数 R 的值从 0 变为 1，则当前计数值复位为 0。

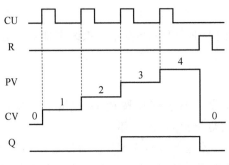

图 4.24　加计数器时序图(PV＝3)

4.3.2　减计数器 CTD

减计数器 CTD,如图 4.25 所示,参数 CD 的值从 0 变为 1 时,CTD 使计数值减 1。如果参数 CV (当前计数值)的值等于或小于 0,则计数器输出参数 Q＝1。如果参数 LOAD 的值从 0 变为 1,则参数 PV (预设值)的值将作为新的 CV (当前计数值)装载到计数器。

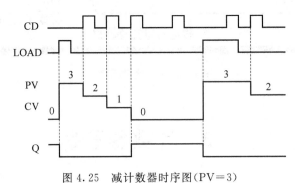

图 4.25　减计数器时序图(PV＝3)

4.3.3　加减计数器 CTUD

加减计数器 CTUD,加计数(CU,Count Up)或减计数(CD,Count Down)输入的值从 0 跳变为 1 时 CTUD 会使计数值加 1 或减 1。如果参数 CV(当前计数值)的值大于或等于参数 PV(预设值)的值,则计数器输出参数 QU＝1。如果参数 CV 的值小于或等于零,则计数器输出参数 QD＝1。

如果参数 LOAD 的值从 0 变为 1,则参数 PV(预设值)的值将作为新的 CV(当前计数值)装载到计数器。

如果复位参数 R 的值从 0 变为 1,则当前计数值复位为 0,如图 4.26 所示。

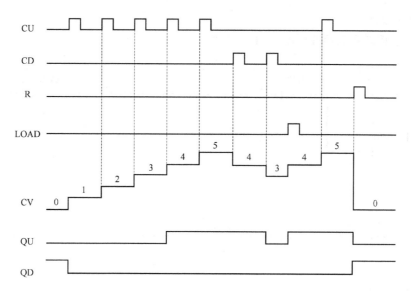

图 4.26　加减计数器时序图（PV＝4）

任务 8　广场喷泉控制系统

1. 目的与要求

通过广场喷泉控制系统电路设计，让读者了解 S7-1200 指令系统中定时器指令和比较器指令的使用以及梯形图设计方法。

一个喷泉池里有 A、B、C 三种喷头。喷泉的喷水规律是：按下启动按钮，A 喷头喷 5s→B、C 喷头同时喷 8s→B 喷头喷 4s→A，C 喷头同时喷 5s→A、B、C 喷头同时喷 8s→停 1s，然后从头循环开始喷水，直到按下停止按钮。

2. 操作步骤

（1）I/O 分配

根据任务需求分析，输入点为：启动按钮（I0.0），停止按钮（I0.1）。输出点为：A 喷头（Q0.0），B 喷头（Q0.1），C 喷头（Q0.2）。

（2）建立变量表

建立变量表如图 4.27 所示。

图 4.27　广场喷泉控制系统变量表

（3）参考程序

广场喷泉控制系统参考程序如图 4.28 所示。

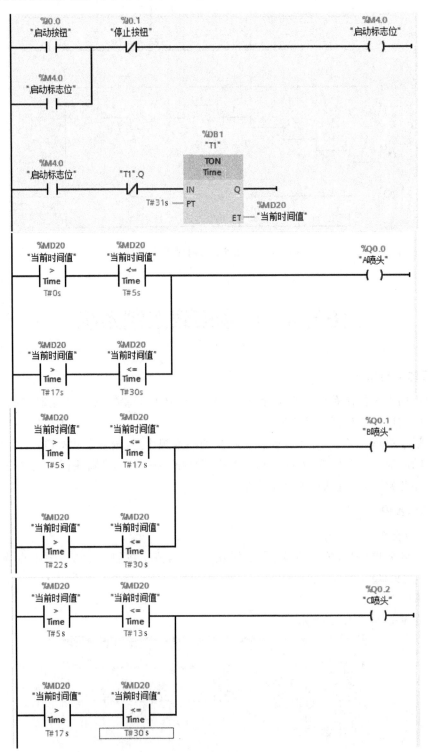

图 4.28 广场喷泉控制系统参考程序

3. 任务小结

通过本任务的学习让读者学会 S7-1200 指令系统中定时器指令和比较器指令配合使用来完成某一控制任务的梯形图的设计方法。

4.4　数据处理指令

4.4.1　比较指令

S7-1200 中的比较指令包括了值大小比较指令、是否在范围内指令以及有效性与无效性检查指令。

1. 值大小比较指令

值大小比较指令,可以比较两个数据类型相同的数值的大小,如表 4.3 所示。

表 4.3　值大小比较指令

指令	关系类型	指令	关系类型
== ???	=(等于)	<= ???	<=(小于等于)
<> ???	<>(不等于)	> ???	>(大于)
>= ???	>=(大于等于)	< ???	<(小于)

S7-1200 中的比较指令按照比较类型的不同可以分为 6 种类型,即等于、不等于、大于等于、小于等于、大于、小于。使用比较指令时可以从下拉菜单中选择数据类型。比较指令在程序中只是作为条件来使用,用来比较 IN1 与 IN2 的大小。当 IN1 与 IN2 满足能流关系时,能流通过。例如图 4.29 所示,当 MW0 的内容大于 0 且小于 5 时,Q0.0=1。

图 4.29　值大小比较指令实例

2. 是否在范围内指令

是否在范围内指令包括在范围内指令和在范围外指令,如图 4.30 所示。

在范围内指令,输入值(VAL)是否在 MIN 和 MAX 取值范围内,若在指定范围内,即 MIN≤VAL≤MAX,则输出状态为 1。

在范围外指令,输入值(VAL)是否在 MIN 和 MAX 取值范围外,若输入值在指定范围外,即 VAL≥MAX 或

图 4.30　是否在范围内指令

VAL≤MIN 则输出状态为 1。如图 4.31 所示，当 MW0≥126 时且 50≤MW0≤230 时，Q0.0＝1。

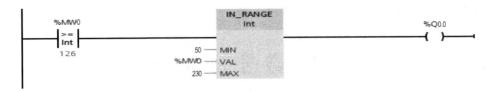

图 4.31　在范围内指令实例

3. 有效性与无效性检查指令

检查有效性指令"┤OK├"和检查无效性指令"┤NOT_OK├"用来检测输入数据是否是有效的实数（浮点数）。如果是有效的实数，OK 触点接通；反之，NOT_OK 触点接通。

任务 9　彩灯控制电路设计

1. 目的与要求

通过彩灯控制电路设计，让读者了解 S7-1200 指令系统中移动操作指令、移位与循环移位指令的使用以及梯形图设计方法。

I0.0 为控制开关，M1.5 为周期为 1 s 的时钟存储器位，实现的功能为当按下 I0.0，MB4 中为 1 的输出位每秒钟向左移动 1 位。并将其结果显示出来。

2. 操作步骤

(1) I/O 分配

根据任务需求分析，输入点为：启动按钮（I0.0）；停止按钮（I0.1）。输出点为：绿灯（Q0.1），红灯（Q0.2），白灯（Q0.3），黄灯（Q0.4），蓝灯（Q0.5），紫灯（Q0.6）。

(2) 建立变量表

彩灯控制电路变量表如图 4.32 所示。

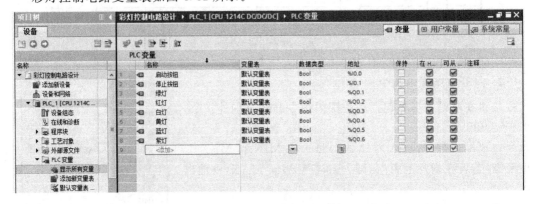

图 4.32　彩灯控制电路变量表

（3）参考程序

彩灯控制电路参考程序如图 4.33 所示。

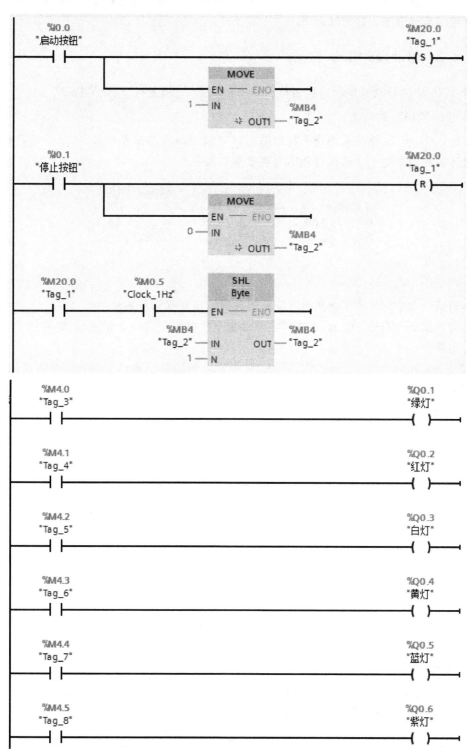

图 4.33　彩灯控制电路参考程序

3. 任务小结

通过此任务的设计,让读者学会 S7-1200 指令系统中移动操作指令、移位与循环移位指令的使用以及梯形图设计方法。

4.4.2 移动操作指令

S7-1200 中的移动操作指令包括移动和块移动指令、填充指令、交换指令。

1. 移动和块移动指令

如图 4.34 所示,使用移动指令将数据元素复制到新的存储器地址,并从一种数据类型转换成另一种数据类型。移动过程不会更改原数据。

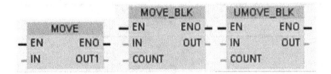

图 4.34 移动和块移动指令

移动指令 MOVE,将存储在指定地址的数据元素复制到新地址。

移动块指令 MOVE_BLK,将指定区域的多个数据复制到一个新区域,复制过程可被中断事件中断。

不可中断移动块指令 UMOVE_BLK,将指定区域的多个数据复制到一个新区域,复制过程不可被中断事件中断。

2. 填充块指令

填充块指令如图 4.35 所示,包括可中断填充指令和不可中断填充指令。

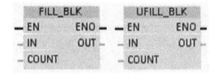

图 4.35 填充块指令

可中断填充指令 FILL_BLk,使用某个数据填充指定区域,填充过程可被中断事件中断。

不可中断填充指令 UFILL_BLk,使用某个数据填充指定区域,填充过程不可被中断事件中断。

3. 交换指令

如图 4.36 所示,交换指令 SWAP 用于调换二字节和四字节的字节顺序,但不改变每个字节中的位顺序,需要指定数据类型。

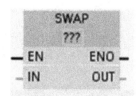

图 4.36　交换指令

4.4.3　移位和循环移位指令

S7-1200 中的移位指令包括左移位指令和右移位指令。循环移位指令包括循环左移位指令和循环右移位指令。

1. 移位指令

移位指令如图 4.37 所示,移位指令用于将参数 IN 的位序列移位,结果送给参数 OUT,参数 N 指定移位的位数。移位指令移位时 IN 和 OUT 端支持的数据类型为 Byte、Word、Dword。

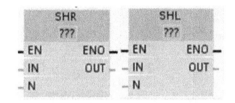

图 4.37　移位指令

> ☞ **小提示**
>
> 　1. $N=0$ 时,不进行移位,直接将 IN 值分配给 OUT。
>
> 　2. 用 0 填充移位操作清空的位。
>
> 　3. 如果 N 大于目标值中的位数,即 Byte 为 8 位,Word 为 16 位,Dword 为 32 位,则参数 OUT 的值为零。

2. 循环移位指令

循环移位指令包括左循环移位指令和右循环移位指令,如图 4.38 所示。循环移位指令用于将参数 IN 的位序列循环移位,结果送给参数 OUT。参数 N 用于指定循环移位的位数。循环移位指令移位时 IN 和 OUT 端支持的数据类型为 Byte、Word、Dword。

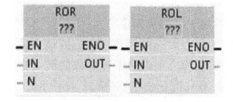

图 4.38　循环移位指令

☞ **小提示**

1. N＝0 时,不进行循环移位,直接将 IN 值分配给 OUT。

2. 从目标值一侧循环移除的位数据将循环移位到目标值的另一侧,因此原始位值不会丢失。

3. 如果 N 大于目标值中的位数,即 Byte 为 8 位,Word 为 16 位,Dword 为 32 位,仍将执行循环移位。

3. 转换指令

S7-1200 中的转换指令包括转换指令,取整和截取指令,上取整和下取整指令以及标定和标准化指令,如图 4.39 所示。

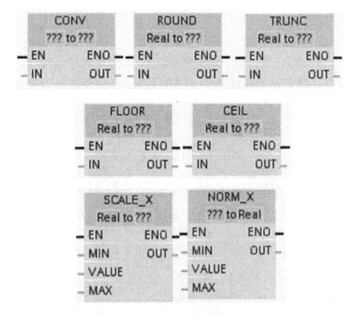

图 4.39　转换指令

(1) 转换指令 CONV

将数据从一种数据类型转换成另一种数据类型。

(2) 取整指令 ROUND 和截取指令 TRUNC

取整指令用于将实数转换为整数。如果实数刚好是两个连续整数的一半,则实数舍入为偶数。

截取指令用于将实数转换为整数,实数的小数部分被截取为零。

(3) 上取整 CEIL 和下取整 FLOOR 指令

上取整指令用于将实数转换为大于或等于该实数的最小整数。

下取整指令用于将实数转换为小于或等于该实数的最大整数。

(4) 标定指令 SCALE_X 和标准化指令 NORM_X 指令

标定指令用于标准化通过参数 MIN 和 MAX 指定的数据类型和值范围内的实参数 VALUE 的标定,其中 $0.0 \leqslant VALUE \leqslant 1.0$。OUT＝VALUE * (MAX-MIN)＋MIN。对于

标定指令 SCALE_X,参数 MIN、MAX 和 OUT 的数据类型一致。

标准化指令用于标准化通过参数 MIN 和 MAX 指定的值范围内的参数 VALUE,OUT＝(VALUE-MIN)/(MAX-MIN),其中 $0.0 \leqslant$ VALUE $\leqslant 1.0$。对于标准化指令 NORM_X,参数 MIN、MAX 和 OUT 的数据类型一致。

任务 10　设备维护提醒控制系统

1. 目的与要求

通过设备维护提醒控制系统,让读者了解 S7-1200 指令系统中数学运算指令的使用以及梯形图设计方法。

按下启动按钮,电机开始工作,开始计时。按下停止按钮,电机停止计时。统计设备的运行时间,包含天、时、分、秒。当电机累计工作 10 天,发出报警提示(报警需闪烁),但电机正常工作,正常计时。

发出报警提示,工作人员需按下停止按钮,对电机进行维护保养。维护保养以后,按下复位按钮,报警灯熄灭,计时从零开始。

2. 操作步骤

(1) I/O 分配

根据任务需求分析,输入点为:启动按钮(I0.0),停止按钮(I0.1),复位开关(I0.2)。输出点为:电机运行(Q0.0),维护指示灯(Q0.1),报警指示灯(Q0.2)。

(2) 建立变量表

设备维护提醒控制系统变量表如图 4.40 所示。

		名称	数据类型	地址	保持	在 H…	可从 …	注释
1		启动按钮	Bool	%I0.0		☑	☑	
2		停止按钮	Bool	%I0.1		☑	☑	
3		维护提醒复位按钮	Bool	%I0.7		☑	☑	
4		电机运行	Bool	%Q0.0		☑	☑	
5		维护提醒指示灯	Bool	%Q0.1		☑	☑	
6		<添加>				☑	☑	

图 4.40　设备维护提醒控制系统变量表

(3) 参考程序

设备维护提醒控制系统参考程序如图 4.41 所示。

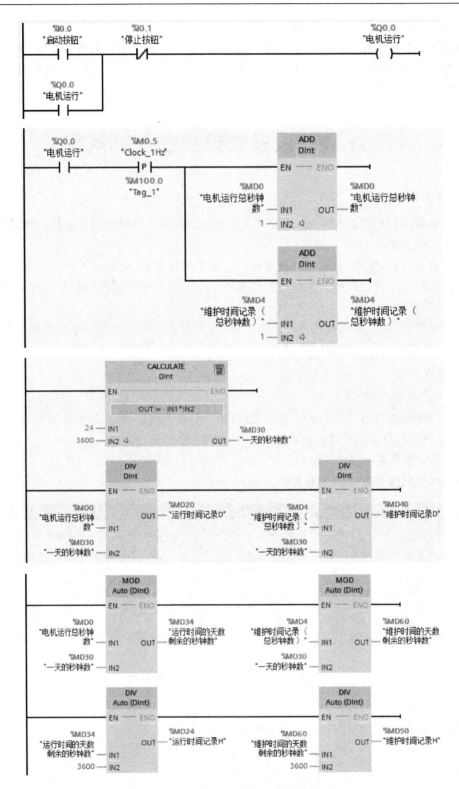

图 4.41　设备维护提醒控制系统参考程序

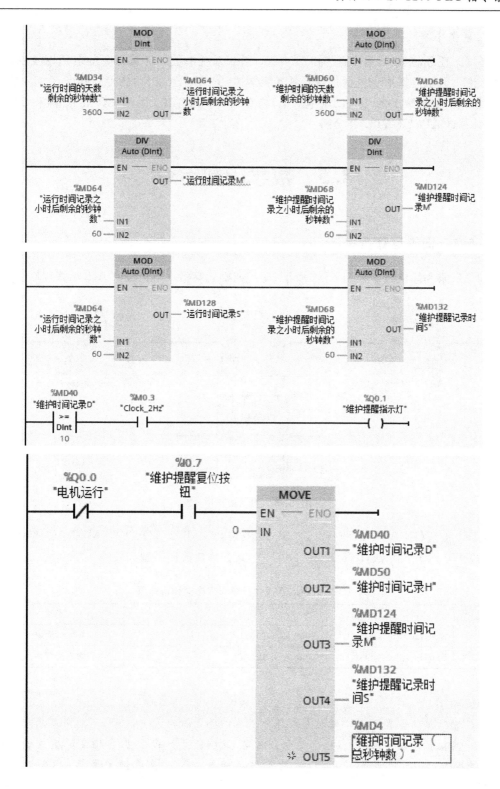

图 4.41 设备维护提醒控制系统参考程序(续)

3. 任务小结

通过此任务的学习,让读者了解 S7-1200 指令系统中数学运算指令的应用以及梯形图设计方法。数学运算指令包括加、减、乘和除法指令,MOD(求模)指令,NEG(取反)指令,INC(增 1)、DEC(减 1)指令、ABS(绝对值)指令,MIN(最小值)和 MAX(最大值)和 LIMIT 指令,计算(CALCULATE)指令等。

4.5 数学函数指令

4.5.1 四则运算指令

加、减、乘和除法指令如图 4.42 所示,使用四则运算指令可以编写基本运算程序。

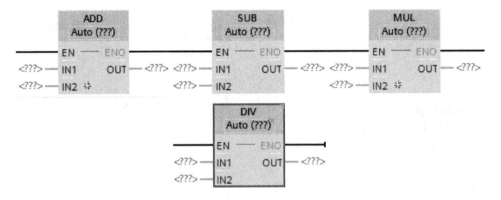

图 4.42 四则运算指令

ADD:加法(IN1＋IN2＝OUT)。SUB:减法(IN1-IN2＝OUT)。MUL:乘法(IN1 ＊ IN2＝OUT)。DIV:除法(IN1/IN2＝OUT)。其参数与数据类型如表 4.4 所示。

表 4.4 四则运算指令参数与数据类型对照表

参数	数据类型	说明
IN1,IN2	SInt,Int,DInt,USInt,UInt,UDInt,Real,LReal,Constant	数学运算输入
OUT	SInt,Int,DInt,USInt,UInt,UDInt,Real,LReal	数学运算输出

☞ **小提示**

1. 整数除法运算会截取商的小数部分以生成整数输出。

2. 启用数学指令(EN＝1)后,指令会对输入值(IN1 和 IN2)执行指定的运算并将运算存储在通过输出参数(OUT)指定的存储器地址中。运算成功完成后,指令会设置 ENO＝1。

4.5.2 其他数学函数指令

1. MOD(求模)指令

求模指令 MOD,用于 IN1 以 IN2 为模的数学运算。运算 IN1 MOD IN2＝IN1-(IN1/IN2)＝参数 OUT,其参数与数据类型如表 4.5。

表 4.5 求模指令参数与数据类型

参数	数据类型	说明
IN1 和 IN2	Int、DInt、USInt、UInt、UDInt、Constant	求模输入
OUT	Int、DInt、USInt、UInt、UDInt	求模输出

☞ **小提示**

1. IN1,IN2,OUT 参数的数据类型必须相同。

2. ENO=1,无错误。ENO=0,说明 IN2=0,OUT=0。

2. NEG(取反)指令

使用取反指令 NEG,可将参数 IN 的值的算术符号取反并将结果存储在参数 OUT 中。其参数与数据类型如表 4.6 所示。

表 4.6 求模指令参数与数据类型对照表

参数	数据类型	说明
IN	SInt、Int、DInt、Real、LReal、Constant	数学运算输入
OUT	SInt、Int、DInt、Real、LRear	数学运算输出

☞ **小提示**

1. IN,OUT 参数的数据类型必须相同。

2. ENO=1,无错误。ENO=0,说明结果值超出所选数据类型的有效数据范围。

3. INC(增 1)、DEC(减 1)指令、ABS(绝对值)指令

使用增 1 指令 INC,可以递增有符号或无符号整数值。参数 IN/OUT 值＋1＝参数 IN/OUT 值。使用减 1 指令 DEC,可以递减有符号或无符号整数值。参数 IN/OUT 值－1＝参数 IN/OUT 值。使用绝对值指令 ABS,可以对参数 IN 的有符号整数或实数求绝对值并将结果存储在参数 OUT 中。其参数与数据类型如表 4.7 所示。

表 4.7 INC、DEC 指令、ABS 指令参数与数据类型对照表

参数	数据类型	说明
IN	SInt、Int、DInt、Real、LReal	数学运算输入
OUT	SInt、Int、DInt、Real、LReal	数学运算输出

☞ **小提示**

IN,OUT 参数的数据类型必须相同。

4. MIN(最小值)、MAX(最大值)和 LIMIT(输入值限制在指定的范围内)指令

最小值指令 MIN,比较两个参数 IN1 和 IN2 的值并将最小(较小)值分配给参数 OUT。最大值指令 MAX,比较两个参数 IN1 和 IN2 的值并将最大(较大)值分配给参数 OUT。其参数与数据类型如表 4.8 所示。

表 4.8 MIN、MAX 和 LIMIT 指令参数与数据类型对照表

参数	数据类型	说明
IN1,IN2	SInt,Int,DInt,USInt,UInt,UDInt,Real,Constant	数学运算输入
OUT	SInt,Int,DInt,USInt,UInt,UDInt,Real	数学运算输出

输入值限制在指定的范围内指令 LIMIT,测试参数 IN 的值是否在 MIN 和 MAX 指定的值范围内,如果参数 IN 的值在指定的范围内,则 IN 的值将存储在参数 OUT 中。如果参数 IN 的值超出指定的范围,则 OUT 值为参数 MIN 的值(如果 IN 值小于 MIN 值)或参数 MAX 的值(如果 IN 值大于 MAN 值)。

☞ **小提示**

1. 对于 MIN 和 MAX 指令,IN1,IN2 和 OUT 参数的数据类型必须相同。

2. 对于 LIMIT 指令 IN,MAX,MIN 和 OUT 参数的数据类型必须相同。

5. 计算(CALCULATE)指令

计算指令 CALCULATE,定义和执行数学表达式,根据所选的数据类型计算复杂的数学运算或逻辑运算。

4.6 字逻辑运算指令

4.6.1 字逻辑运算指令

字逻辑运算指令包括与逻辑 AND、或逻辑 OR 和异或逻辑 XOR、求反码指令 INV。

1. 与逻辑 AND

两个参数的同一位如果均为 1,运算结果的对应位为 1,否则为 0,如图 4.43 所示。

2. 或逻辑 OR

与逻辑运算实例如表 4.8 所示。两个参数的同一位如果均为 0,运算结果为 0,否则为 1。

3. 异或逻辑 XOR

两个参数的同一位如果不相同,运算结果对应位为 1,否则为 0,如图 4.43 所示。

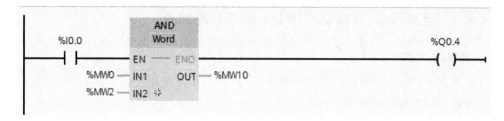

图 4.43　与逻辑运算指令

表 4.8　与逻辑运算实例

参数名称	参数值
IN1	MW0＝0101010101010101
IN2	MW2＝0000000000001111
OUT	MW10＝0000000000000101

如果输入 I0.0 的信号状态为"1",则进行"AND 逻辑运算"。输入 MW0 的值与输入 MW2 的值通过 AND 逻辑进行运算。逐位运算得出结果并发送到输出 MW10 中。输出 ENO 和输出 Q0.4 的信号状态置位为"1"。

4.6.2　解码指令与编码指令

1. 解码指令 DECO

解码指令 DECO,如果输入参数 IN 的值为 n,则输出参数 OUT 的第 n 位置位为 1,其余各位置 0。利用解码指令,可以用输入 IN 的值来控制 OUT 中指定的状态。如果输入 IN 的值大于 31,将 IN 的值除以 32 以后,用余数来进行解码操作。可以使用"解码"运算在输出值中置位一个位,该位通过输入值指定。

只有使能输入 EN 的信号状态为"1"时,才能启动"解码"运算。如果执行过程中未发生错误,则使能输出 ENO 的信号状态也为"1"。如果使能输入 EN 的信号状态为"0",则使能输出 ENO 的信号状态复位为"0"。

2. 编码指令 ENCO

编码指令 ENCO,与解码指令相反,将 IN 中为 1 的最低位的位数送给输出参数 OUT 指定的地址。只有使能输入 EN 的信号状态为"1"时,才能启动"编码"运算。如果执行过程中未发生错误,则使能输出 ENO 的信号状态也为"1"。如果使能输入 EN 的信号状态为"0",则使能输出 ENO 的信号状态复位为"0"。

☞ **小提示**

1. 对于解码指令 DECO,IN 的数据类型为 UInt,OUT 的数据类型为位字符串 Byte、Word 和 Dword。

2. 对于编码指令 ENCO,IN 的数据类型可选 Byte、Word 和 Dword,OUT 的数据类型为 INT。

4.6.3 选择指令、多路复用指令及多路分用指令

1. 选择指令 SEL

选择指令 SEL,输入参数 G 为 0 时选中 IN0,G 为 1 时选中 IN1,选中的参数值被保存到输出参数 OUT 指定的地址。

2. 多路复用指令 MUX

多路复用指令 MUX,根据输入参数 K 的值,选中某个输入数据,并将它传送到参数 OUT 指定的地址。

3. 多路分用指令 DEMUX

多路分用指令 DEMUX,根据输入参数 K 的值,将输入 IN 的内容复制到选定的输出,其他输出则保持不变。

4.7 程序控制操作指令

程序控制操作指令用于有条件地控制执行顺序,如表 4.9 所示。

表 4.9 程序控制操作指令

指令	功能
─(JMP)─	如果有能流通过该指令线圈,则程序将从指定标签后的第一条指令继续执行
─(JMPN)─	如果没有能流通过该指令线圈,则程序将从指定标签后的第一条指令继续执行
\<???\>	JMP 或 JMPN 跳转指令的目标标签
─(RET)─	用于终止当前块的执行

程序控制操作指令如图 4.44 所示:

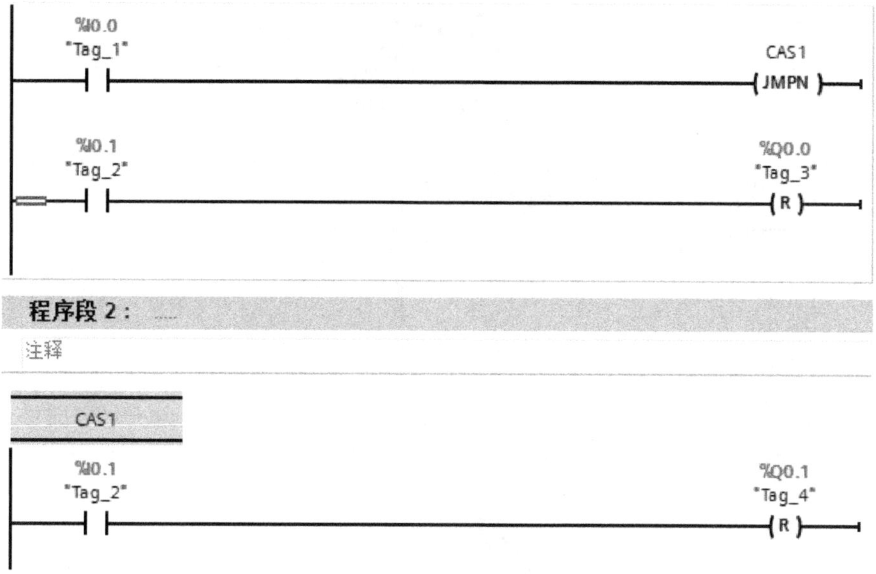

图 4.44 程序控制操作指令

如果输入 I0.0 的信号状态为"0",则执行"为 0 时块中跳转(有条件)"操作。程序的线性执行被中断并在跳转标签 CAS1 标识的"程序段 3"中继续执行。如果输入 I0.1 的信号状态为"1",则复位输出 Q0.1。

4.8 扩展指令

4.8.1 日期和时间指令

日期和时间指令用于计算日期和时间。

1. T_CONV 指令

T_CONV 指令可将输入 IN 的值转换成输出 OUT 指定的数据格式。可实现下列转换:

- 时间(TIME)到数字值(DINT)的转换。
- 数字值(DINT)到时间(TIME)的转换。
- 通过选择指令输入和输出的数据类型来决定转换的类型。可通过输出 OUT 查询转换结果,如图 4.45 所示。

2. T_ADD 指令

使用 T_ADD 可将输入 IN1 的时间与输入 IN2 的时间相加。通过输出 OUT 查询结果。可以对下列格式进行相加操作:

- 时间段(TIME)与时间段(TIME)相加。结果可以输出到 TIME 格式的变量中。
- 时间段(TIME)与时间点(DTL)相加。结果可以输出到 DTL 格式的变量中。

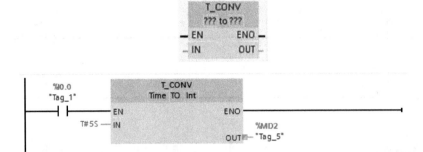

图 4.45　T_CONV 指令

> 通过选择指令输入和输出的数据类型来决定输入 IN1 和输出 OUT 的格式。输入 IN2 只能指定 TIME 格式的时间,如图 4.46 所示。

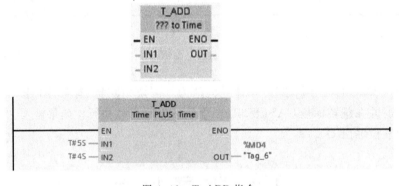

图 4.46　T_ADD 指令

3. T_SUB 指令

使用 T_SUB 可将输入 IN1 的时间与输入 IN2 的时间相减。通过输出 OUT 查询差值。可以对下列格式进行相减操作:

> 时间段(TIME)与时间段(TIME)相减。结果可以输出到 TIME 格式的变量中。

> 从某时间点(DTL)减去一个时间段(TIME)。结果可以输出到 DTL 格式的变量中。

> 通过选择指令输入和输出的数据类型来决定输入 IN1 和输出 OUT 的格式。输入 IN2 只能指定 TIME 格式的时间,如图 4.47 所示。

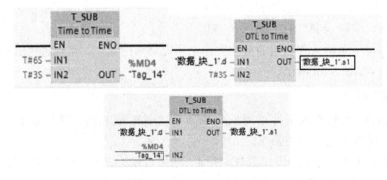

图 4.47　T_SUB 指令

4. T_DIFF 指令

使用 T_DIFF 可将输入 IN1 的时间与输入 IN2 的时间相减。以 TIME 格式通过输出 OUT 输出结果。输入 IN1 和 IN2 中只能指定 DTL 格式的值。如果在输入 IN2 中指定的时间大于在输入 IN1 中指定的时间,则结果将以负值的形式通过输出 OUT 输出。如果该指令的结果超出允许范围,则此结果将限制为相应的值,并且使能输出 ENO 将设置为"0",如图 4.48 所示。

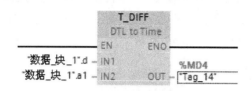

图 4.48　T_DIFF 指令

5. WR_SYS_T 指令

使用 WR_SYS_T 设置 CPU 时钟的日期和时间。指令的输入 IN 指定 DTL 格式的日期和时间。输出 RET_VAL 可以查询指令执行期间是否出错。

不能使用"WR_SYS_T"指令发送有关本地时区或夏令时的信息。

6. RD_SYS_T 指令

使用 RD_SYS_T 读取 CPU 时钟的当前日期和当前时间。数据以 DTL 格式放在指令的输出 OUT 中。得出的值不包含有关本地时区或夏令时的信息。输出 T_VAL 可以查询指令执行期间是否出错。

7. RD_LOC_T 指令

使用 RD_LOC_T 从 CPU 时钟读取当前本地时间,并在输出 OUT 以 DTL 格式输出该值。在 CPU 时钟的组态中设置的时区和夏令时开始时间以及标准时间,其相关信息均包括在本地时间信息中。

4.8.2　字符串和字符指令

1. 字符串转换指令

字符串转换指令将数字字符串转换为数值或将数值转换为数字字符串。

(1) S_CONV 指令

使用 S_CONV 指令可将输入 IN 的值转换成在输出 OUT 中指定的数据格式。可实现下列转换。

➢ 字符串(STRING)转换为数字值:在输入 IN 中指定的字符串的所有字符都将进行转换。允许的字符为数字 0 到 9、小数点以及加号和减号。字符串的第一个字符可以是有效数字或符号。前导空格和指数表示将被忽略。

无效字符可能会中断字符转换。此时,使能输出 ENO 将设置为"0"。可通过选择输出 OUT 的数据类型来决定转换的输出格式。

➤ 数字值转换为字符串(STRING):通过选择输入 IN 的数据类型来决定要转换的数字值格式。必须在输出 OUT 中指定一个有效的字符串数据类型的变量。转换后的字符串长度取决于输入 IN 的值。由于第一个字节包含字符串的最大长度,第二个字节包含字符串的实际长度,因此转换的结果从字符串的第三个字节开始存储。输出正数字值时不带符号。

➤ 复制字符串:如果在指令的输入和输出均输入字符串数据类型,则输入 IN 的字符串将被复制到输出 OUT。如果输入 IN 字符串的实际长度超出输出 OUT 字符串的最大长度,则将复制 IN 字符串中完全适合 OUT 的字符串的那部分,并且使能输出 ENO 将设置为"0"值,如图 4.49 所示。

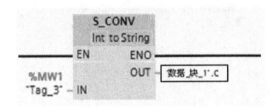

图 4.49　复制字符串

(2) STRG_VAL 指令

使用 STRG_VAL 指令,可将字符串转换为数字值。在输入 IN 中指定要转换的字符串。可通过选择输出 OUT 的数据类型来决定输出值的格式。通过输出 OUT 查询结果。

➤ 从参数 P 中指定位置的字符开始转换。例如,如果参数 P 中指定的值为"1",则将从指定字符串的第一个字符开始转换。转换允许的字符为数字 0 到 9、小数点、逗号小数点、符号"E"和"e"以及加号和减号字符。无效字符可能会中断转换。此时,使能输出 ENO 将设置为"0"。

➤ 使用参数 FORMAT 可指定要如何解释字符串中的字符。也可以使用"STRG_VAL"指令来转换和表示指数值。只能为参数 FORMAT 指定 USINT 数据类型的变量,如图 4.50 所示。

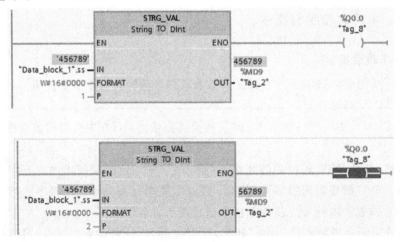

图 4.50　STRG_VAL 指令

（3）VAL_STRG 指令

使用 VAL_STRG 指令可将数字值转换为字符串。在输入 IN 中指定要转换的值。通过选择数据类型来决定数字值的格式。通过输出 OUT 查询转换结果。

> 通过参数 P 可指定从字符串中的哪个字符开始写入结果。例如，如果参数 P 中指定的值为"2"，则将从字符串的第二个字符开始保存转换值。
> 通过参数 SIZE 可以指定字符串中写入的字符数。这要从参数 P 中指定的字符开始算起。如果由参数 P 和 SIZE 定义的长度不够，则使能输出 ENO 将设置为"0"。如果输出值比指定长度短，则结果将以右对齐方式写入字符串。空字符位置将填入空格。
> 转换允许的字符为数字 0 到 9、小数点、逗号小数点、符号"E"和"e"以及加号和减号字符。无效字符可能会中断转换。此时，使能输出 ENO 将设置为"0"。
> 使用参数 FORMAT 可指定在转换期间如何解释数字值以及如何将其写入字符串。只能为参数 FORMAT 指定 USINT 数据类型的变量。

2. 字符串操作指令

（1）获取字符串长度指令 STRING，STRING 类型的变量包含两个长度：最大长度和当前长度（即当前有效字符的数量）。每个变量的字符串最大长度在 STRING 关键字的方括号中指定。当前长度表示实际使用的字符位置数。当前长度必须小于或等于最大长度。字符串占用的字节数为最大长度加 2。

> 可使用"LEN"指令查询在输入 IN 中指定的字符串的当前长度，并在输出 OUT 以数字值的形式将其输出。空字符串("")的长度为零。
> 如果操作处理期间出错，则将输出空字符串。

（2）连接两个字符串指令 CONCAT，CONCAT 连接字符串参数 IN1 和 IN2 以形成一个字符串，并放在 OUT 中。目标字符串必须足够长，否则结果字符串将被截短并且使能输出 ENO 将设置为"0"值。

如果指令处理期间出错并且可以写入到输出 OUT，则将输出空字符串。

（3）获取字符串的左侧子串指令 LEFT，可使用 LEFT 从输入 IN 字符串的第一个字符开始提取出一部分字符串。通过参数 L 指定要提取的字符数。以 STRING 格式通过输出 OUT 输出提取的字符。如果要提取的字符数大于字符串的当前长度，则输出 OUT 将返回输入字符串。参数 L 的值为"0"时或者输入值为空字符串时都将返回空字符串。如果参数 L 的值为负值，则将输出空字符串并且使能输出 ENO 将设置为"0"值。

（4）获取字符串的右侧子串指令 RIGHT，可使用 RIGHT 从输入 IN 字符串的最后一个字符开始提取出一部分字符串。通过参数 L 指定要提取的字符数。以 STRING 格式通过输出 OUT 输出提取的字符。如果要提取的字符数大于字符串的当前长度，则输出 OUT 将返回输入字符串。参数 L 的值为"0"时或者输入值为空字符串时都将返回空字符串。如果参数 L 的值为负值，则将输出空字符串并且使能输出 ENO 将设置为"0"值。

（5）获取字符串的中间子串指令 MID，可使用 MID 将输入 IN 字符串的一部分提取出来。可通过参数 P 指定要提取的第一个字符的位置。通过参数 L 指定要提取的字符串长度。提取的部分字符串通过输出 OUT 输出。

执行该指令时应遵守以下规则。

> 如果要提取的字符数超出输入 IN 字符串的当前长度,则将输出从字符位置 P 开始到该字符串末尾的这一部分字符串。

> 如果通过参数 P 指定的字符位置超出输入 IN 字符串的当前长度,则将通过输出 OUT 输出空字符串并且使能输出 ENO 将设置为"0"值。

> 如果参数 L 或 P 的值等于零或为负值,则将通过输出 OUT 输出空字符串并且使能输出 ENO 将设置为"0"值。

(6) 删除字符指令 DELETE,可使用 DELETE 将输入 IN 字符串的一部分删除。可通过参数 P 指定要删除的第一个字符的位置。可使用参数 L 指定要删除的字符数。剩余部分的字符串通过输出 OUT 以 STRING 格式输出。

执行该指令时应遵守以下规则。

> 如果参数 L 或 P 的值等于零,则输出 OUT 将返回输入字符串。

> 如果参数 P 的值大于输入 IN 字符串的当前长度,则输出 OUT 将返回输入字符串。

> 如果要删除的字符数大于输入 IN 字符串的长度,则将输出空字符串。

> 如果参数 L 或 P 的值为负值,则将输出空字符串并且使能输出 ENO 将设置为"0"值。

(7) 插入字符指令 INSERT,从字符串 1 的某个字符位置开始插入字符串 2,并将结果存储在目标字符串中。可使用参数 P 指定要插入字符的字符位置。以 STRING 格式通过输出 OUT 输出结果。

执行该指令时应遵守以下规则。

> 如果参数 P 的值超出输入 IN1 字符串的当前长度,则输入 IN2 的字符串将附加到输入 IN1 的字符串的后面。

> 如果参数 P 的值为负值或等于零,则将通过输出 OUT 输出空字符串。使能输出 ENO 将设置为"0"值。

> 如果结果字符串比在输出 OUT 中指定的变量长,则结果字符串将被限制为有效长度。使能输出 ENO 将设置为"0"值。

(8) 替换字符指令 REPLACE,可使用 REPLACE 将输入 IN1 的字符串替换为输入 IN2 的字符串。可通过参数 P 指定要替换的第一个字符的位置。通过参数 L 指定要替换的字符数。以 STRING 格式通过输出 OUT 输出结果。

执行该指令时应遵守以下规则。

> 如果参数 L 的值等于零,则输出 OUT 将返回输入 IN1 的字符串。

> 如果 P 等于 1,则将从输入 IN1 字符串的第一个字符开始(包括该字符)对其进行替换。

> 如果参数 P 的值超出输入 IN1 字符串的当前长度,则输入 IN2 的字符串将附加到输入 IN1 的字符串的后面。

> 如果参数 P 的值为负值或等于零,则将通过输出 OUT 输出空字符串。使能输出 ENO 将设置为"0"值。

> 如果结果字符串比在输出 OUT 中指定的变量长,则结果字符串将被限制为有效长度。使能输出 ENO 将设置为"0"值。

(9) 查找字符指令 FIND,可使用 FIND 来搜索输入 IN1 的字符串以查找特定字符或特定字符串。在输入 IN2 中指定要搜索的值。搜索从左向右进行。将通过输出 OUT 输出第一个搜索结果的位置。如果搜索未返回任何匹配值,则将通过输出 OUT 输出"0"值。如果指令处理期间出错,则将输出空字符串。

【知识梳理与总结】

本项目介绍了位逻辑、基本逻辑指令、定时器指令、计数器指令、数据处理指令、数学函数指令、字逻辑运算指令、程序控制操作指令、扩展指令。从一系列的项目任务入手,学习 S7-1200 指令系统的同时进一步巩固学习博途软件中 PLC-1200 仿真软件、程序状态功能调试程序的方法。通过指令系统的学习让读者对 PLC-1200 编程语言、用户程序、系统存储器及数据类型有更深入地理解。

本项目要掌握的重点内容包括:

(1) 位逻辑、基本逻辑指令;

(2) 定时器指令;

(3) 计数器指令;

(4) 数据处理指令;

(5) 数学函数指令;

(6) 字逻辑运算指令;

(7) 程序控制操作指令;

(8) 扩展指令。

项目五 程 序 设 计

本项目通过小车运行控制系统、交通灯控制系统的设计让读者学习并掌握顺序功能图的设计方法。通过一位数码管显示 0~9 电路设计、广场喷泉系统控制（两种方式）、液体混合系统设计、利用循环中断产生 1 Hz 的时钟信号，在 Q0.0 输出任务的设计，让读者学习并掌握用户程序结构。

【教学导航】

知识重点：

- 顺序功能图的四要素；
- 顺序功能图的基本结构；
- 顺序功能图中转换实现的基本原则；
- 基于顺序功能图的梯形图设计；
- 掌握 S7-1200 用户程序结构。

知识难点：

- 基于顺序功能图的梯形图设计；
- S7-1200 用户程序结构。

能力目标：

- 学会绘制复杂任务的顺序功能图并转换成梯形图；
- 学会生成与调用函数 FC 块；
- 学会生成与调用函数 FB 块；
- 学会结构化编程。

推荐教学方式：

从小车运行控制系统、交通灯控制系统的设计工作任务入手，通过完成任务让读者从直观到抽象，逐渐掌握顺序功能图的设计方法。

通过一位数码管显示 0~9 电路设计、广场喷泉系统控制（两种方式）、液体混合系统设计、OB200 和 OB201 轮流处理 I0.0 的上升沿中断事件工作任务入手，通过完成任务让读者从直观到抽象掌握用户程序结构。

任务 11　小车运行控制系统

1. 目的与要求

通过分析小车运行控制系统让读者掌握顺序功能图的概念及其绘制方法、顺序功能图的设计思想、基本结构以及绘制顺序功能图的基本规则。

小车刚开始停在最左边,限位开关 I0.2 为 1 状态。按下起动按钮,Q0.0 变为 1 状态,小车右行。碰到右限位开关 I0.1 时,Q0.0 变为 0 状态,Q0.1 变为 1 状态,小车改为左行。返回起始位置时,Q0.1 变为 0 状态,小车停止运行,同时 Q0.2 变为 1 状态,使制动电磁铁线圈通电,接通延时定时器开始工作。定时时间到,制动电磁阀线圈断电,系统返回初始状态。如图 5.1

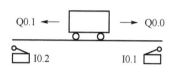

图 5.1　小车运行控制系统示意图

2. 操作步骤

(1) 分析任务,画出时序图

小车运行控制系统时序图如图 5.2 所示。

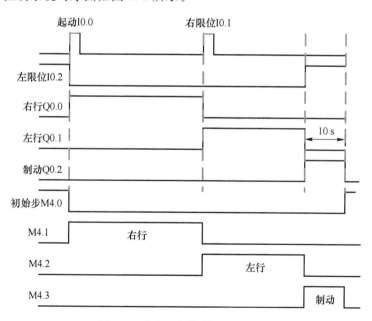

图 5.2　小车运行控制系统时序图

(2) 绘制顺序功能图

如图 5.3 为小车运行控制系统顺序功能图。图中包含着内有编号的矩形框,如 M4.3 等,称为步,双线矩形框代表初始步如 M4.0 ,步里面的编号称为步序;连接矩形框的线称为有向连线;有向连线上与其垂直的短线称为转换,旁边的符号如 I0.1 等表示转换条件;步的旁边与步并列的矩形框如 Q0.0 表示该步对应的动作或命令。

（1）根据 Q0.0～Q0.2 的 ON/OFF 状态的变化，可以将任务的工作过程划分为 3 步，分别用 M4.1～M4.3 来代表，另外还设置了一个等待启动的初始步 M4.0，如图 5.3 所示。

（2）转换用有向连线上和有向连线相垂直的短画线表示，将相邻两步分隔开。将转换条件直接标示在表示转换的短线旁边，较多使用布尔代数表达式。如图 5.3 中 I0.1。

（3）每一步可以完成不同的动作，用编程软件的地址来标注各步的动作或命令，如图 5.3 中 Q0.0。

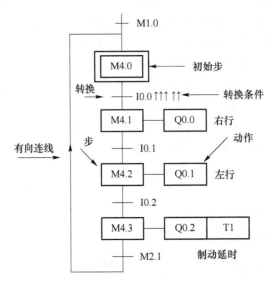

图 5.3　小车运行控制系统顺序功能图

5.1　顺序功能图

所谓顺序控制，就是按照生产工艺预先规定的顺序，在各个输入信号的作用下，根据内部状态和时间的顺序，在生产过程中各个执行机构自动地、有秩序地进行操作。如小车运行控制系统。

顺序功能图（Sequential Function Chart，SFC）是描述控制系统的控制过程、功能和特点的一种图形，也是设计 PLC 的顺序控制程序的有力工具。

顺序功能图是 IEC 61131-3 居首位的编程语言，有的 PLC 为用户提供了顺序功能图语言，如 S7-300/400 的 S7 Graph 语言，在编程软件中生成顺序功能图后便完成了编程工作。

S7-1200 PLC 没有配备顺序功能图语言，但可以用 SFC 来描述系统的功能，根据它来设计梯形图程序。

5.1.1　顺序功能图的四要素

1. 步

顺序控制设计法将系统的一个工作周期划分为若干个顺序相连的阶段（步，Step）。用编程元件(如位存储器 M)来代表各步。步是根据输出量的状态变化来划分的,在任何一步之内,各输出量的 ON/OFF 状态不变,但是相邻两步输出量的状态是不同的。步的这种划分使代表各步的编程元件的状态与各输出量的状态之间有着简单的逻辑关系。

系统的初始状态相对应的步称之为初始步。初始状态一般是系统等待起动的相对静止的状态。每个顺序功能图都必须有一个初始步。顺序功能图中初始步用双线方框表示。

控制系统当前处在某一阶段时,该步处于活动状态,称该步为"活动步"。步处于活动状态时,相应的动作被执行,其状态元件的值为 1(ON);处于不活动状态,则停止执行。

2. 有向连线

在 SFC 中,随着时间的推移和转换条件的实现,将会发生步的活动状态的进展,这种进展按有向连线规定的路线和方向进行。

在画 SFC 时,将代表各步的方框按它们成为活动步的先后次序顺序排列,并用有向连线将它们连接起来。

步的活动状态习惯的进展是从上到下或从左到右,在这两个方向有向连线上的箭头可以省略。

如果不是上述的方向,则应在有向连线上用箭头注明进展方向。

3. 转换与转换条件

转换用有向连线上和有向连线相垂直的短画线表示,将相邻两步分隔开。

使当前步进到下一个步的信号,称为转换条件。可以是输入信号,按钮信号;也可是 PLC 内部信号,如时间继电器的信号,计数器的信号等。

转换条件可以是多个信号的与、或、非的组合,也可以是信号的上升沿或下降沿,分别用 ↑ 和 ↓ 表示。转换条件直接标示在表示转换的短线旁边,较多使用布尔代数表达式,如图 5.4 所示。

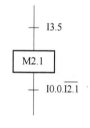

图 5.4　转换条件的表示形式

4. 动作

每一步可以完成不同的动作。动作分为存储型和非存储型:如 Q0.0,Q0.1,Q0.2 均为非存储型,在对应的步为活动步时为 1,为不活动步时为 0。步与它的非存储性动作的波形相同,如图 5.5 所示。

图 5.5　动作的表示形式

5.1.2　顺序功能图的基本结构

顺序功能图有三种基本结构:单序列、选择序列、并行序列。

1. 单序列

单序列结构的功能表图没有分支,每个步后只有一个步,步与步之间只有一个转换条件。

不是指一个信号,它可能是多个信号的"与""或"等逻辑关系的组合,如图5.6为单序列结构。

2. 选择序列

选择序列中各选择分支不能同时执行。若已选择了转向某一分支,则不允许另外几个分支的首步成为活动步。所以各分支之间要互锁。如图5.7选择序列。

3. 并行序列

并行序列中各分支的首步同时被激活变成活动步。用双线来表示其分支的开始和合并,以示区别。转换条件放在双线之上(之下),如图5.8并行序列。

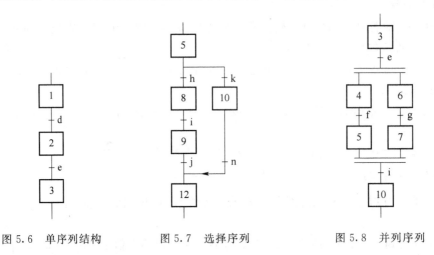

图5.6　单序列结构　　　　图5.7　选择序列　　　　图5.8　并列序列

☞ **小提示**

选择序列和并行序列共同点:都有分支和合并。

5.1.3　顺序功能图转换实现的基本规则

1. 转换实现的条件

在顺序功能图中,步的活动状态的进展是由转换的实现来完成的。转换实现必须同时具备两个条件。

(1)该转换所有的前级步都是活动步。

(2)相应的转换条件得到满足。

2. 转换实现应完成的操作

转换实现时应完成两个操作:

(1)使该转换所有的后续步都变为活动步。

(2)使该转换所有的前级步都变为不活动步。

3. 绘制顺序功能图的注意事项

(1)两个步绝对不能直接相连,必须用一个转换将它们隔开。

(2)两个转换也不能直接相连,必须用一个步将它们隔开。

(3)初始步对应于系统等待起动的初始状态,初始步必不可少。

（4）步和有向连线一般应组成闭环。

完成一次工艺过程的全部操作之后，在单周期工作方式下，应从最后一步返回初始步，系统停留在初始状态；在连续循环工作方式下，应从最后一步返回下一工作周期开始运行的第一步。

4. 任务小结

顺序控制设计法的本质用输入量 I 控制代表各步的编程元件 M，再用它们控制输出 Q。步是根据 Q 的状态划分的，M 与 Q 之间有很简单的"或"关系，输出电路的设计很简单。顺序控制设计法相比经验设计法，具有简单、规范、通用的特点。

任务 12 交通灯信号控制系统

1. 目的与要求

通过对交通灯信号控制系统设计，让读者掌握基于顺序功能图的梯形图设计方法。

信号灯受到起动开关控制，当起动开关接通时信号灯系统开始工作，先南北红灯亮，东西绿灯亮；当起动开关断开时，所有信号灯熄灭。

① 南北红灯亮维持 15 s。在南北红灯亮的同时东西绿灯也亮，并维持 10 s。到 10 s 时，东西绿灯闪亮，闪亮三次（一次/秒）后熄灭。在东西绿灯熄灭同时东西黄灯亮，并维持 2 s 后东西黄灯熄灭，东西红灯亮。同时，南北红灯熄灭，绿灯亮。

② 东西红灯亮维持 15 s。南北绿灯亮维持 10 s，然后闪亮三次（一次/秒）后熄灭，同时南北黄灯亮，维持 2 s 后熄灭，同时，南北红灯亮，东西绿灯亮，开始下一个周期的动作。如图 5.9 所示。

TL3　南北红灯控制信号　　TL6　东西红灯控制信号

TL2　南北黄灯控制信号　　TL5　东西黄灯控制信号

TL1　南北绿灯控制信号　　TL4　东西绿灯控制信号

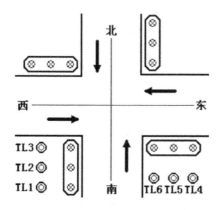

图 5.9　交通灯信号控制系统示意图

2. 操作步骤

（1）工作过程分析

交通灯信号控制系统工作过程分析如图 5.10 所示。

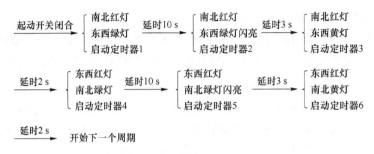

图 5.10　交通灯信号控制系统工作过程分析示意图

（2）I/O 分配

I/O 分配表如表 5.1 所示。

表 5.1　交通灯信号控制系统 I/O 分配表

输入		输出	
		南北绿灯 TL1	Q0.1
		南北黄灯 TL2	Q0.2
控制开关	I0.0	南北红灯 TL3	Q0.3
		东西绿灯 TL4	Q0.4
		东西黄灯 TL5	Q0.5
		东西红灯 TL6	Q0.6

（3）绘制顺序功能图

交通灯信号控制系统顺序功能图如图 5.11 所示。

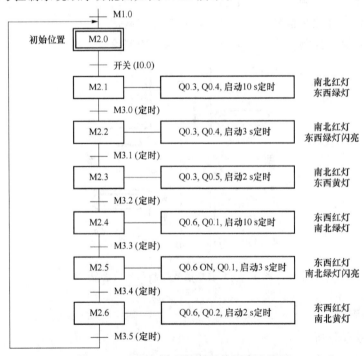

图 5.11　交通灯信号控制系统顺序功能图

（4）参考程序

交通灯信号控制系统参考程序如图 5.12 所示。

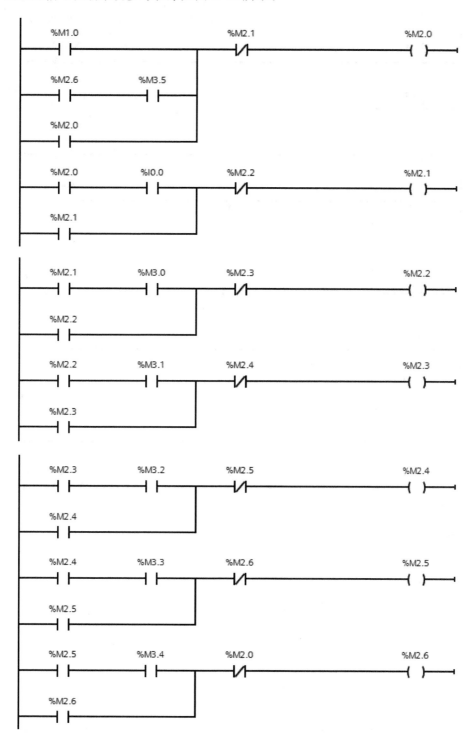

图 5.12　交通灯信号控制系统参考程序

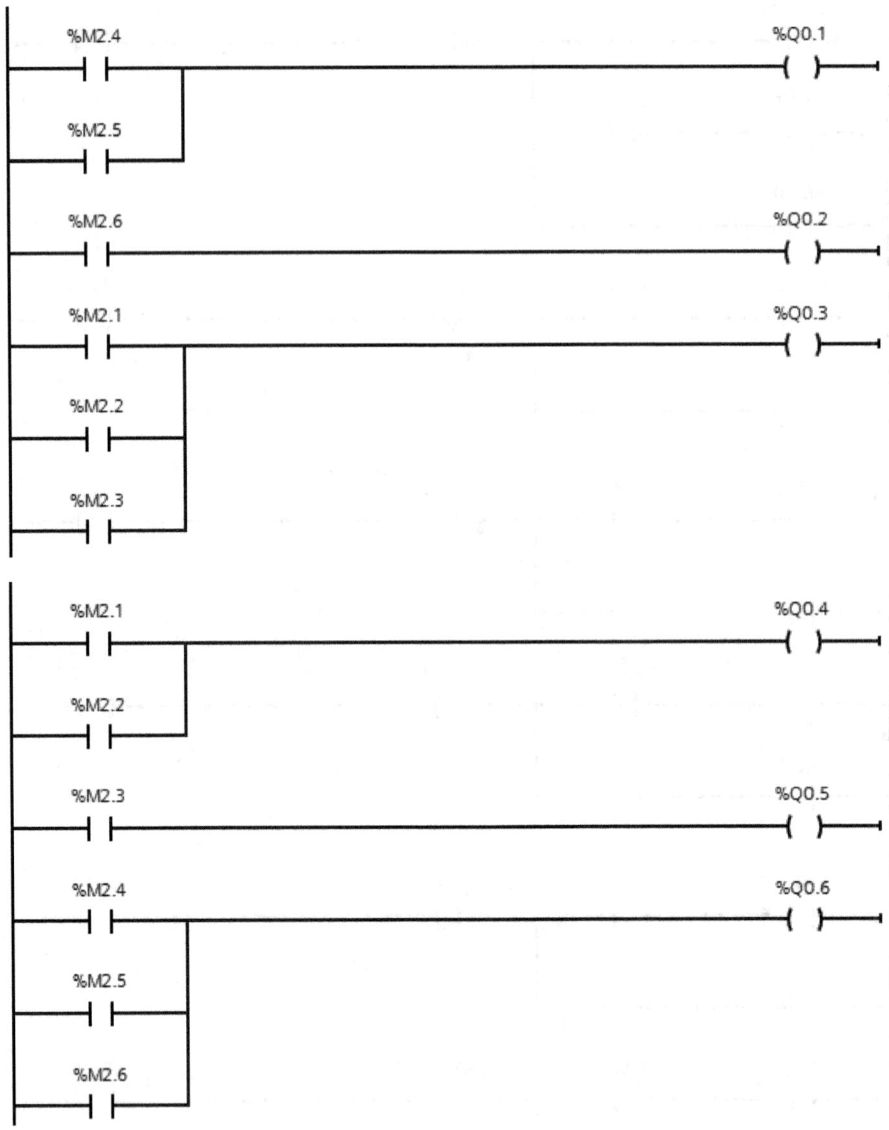

图 5.12 交通灯信号控制系统参考程序(续)

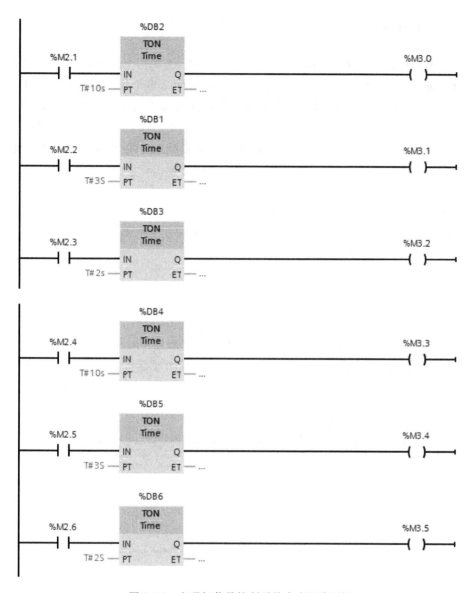

图 5.12 交通灯信号控制系统参考程序(续)

5.2 基于顺序功能图的梯形图设计

学会了绘制顺序功能图的方法后,对于提供顺序功能图编程语言的 PLC,如 S7-300/400 PLC 中的 S7Graph 编程语言,在编程软件中生成顺序功能图后便完成了编程工作。而对于没有提供顺序功能图编程语言的 PLC,则需要根据顺序功能图编写梯形图程序,编程时遵循顺序功能图的规则。

5.2.1 基本步骤

(1) 分析控制要求,将控制过程分成若干个工作步,明确每个工作步的功能,弄清步的转换是单向进行还是多向进行,确定步的转换条件(可能是多个信号的"与""或"等逻辑组合)。可画一个工作流程图,对理顺整个控制过程的进程以及分析各步的相互联系有很大作用。

(2) 为每个步设定控制位。控制位最好使用位存储器 M 的若干连续位。若用定时器/计数器的输出作为转换条件,则应为定时器/计数器指定输出位。

(3) 确定所需输入和输出点,作出 I/O 分配。

(4) 在前两步的基础上,画出顺序功能图。

(5) 根据功能图画梯形图。(可以采用起保停或置位复位电路)

(6) 添加某些特殊要求的程序。

5.2.2 常用电路转换

把顺序功能图转换成梯形图包括初始化电路、转换电路和输出电路。

初始化电路:在 OB1 中仅在首次扫描循环时为 1 状态的 M1.0 将初始步对应的编程元件 M4.0 置 1,其余各步的编程元件置 0,为转换的实现做好准备。可采用如下两种方式。如图 5.13 所示。

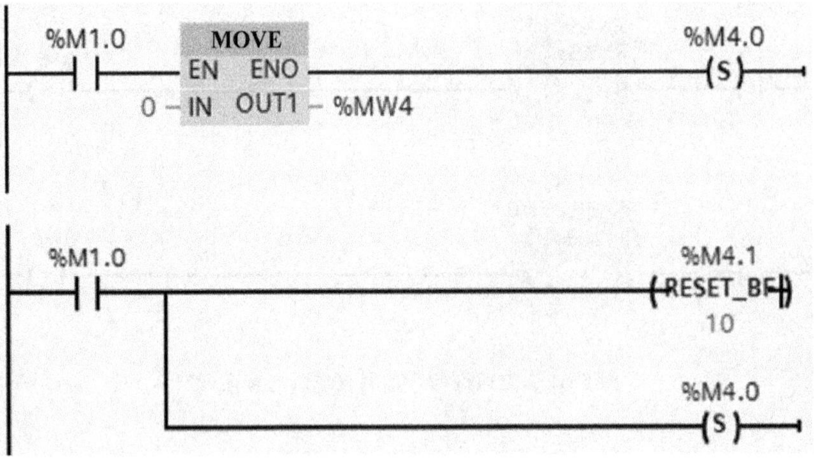

图 5.13 初始化电路

如果 MB4 没有设置保持功能,起动时被自动清零,则可以删除 MOVE 指令或 RESET_BF 指令。

转换电路:转换条件满足后可以实现转换,即所有的后续步都变为活动步,所有的前级步都变为不活动步。梯形图与转换实现的基本规则之间有严格的对应关系。转换电路实现:起保停电路,置位复位指令如图 5.14 所示。

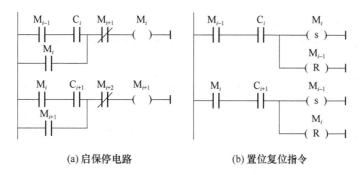

(a) 启保停电路　　　　　　　　(b) 置位复位指令

Ci:各步的转换条件(I区的外部输入信号、PLC内部定时器/计数器输出等)。

图 5.14　转换电路实现

输出电路:用代表步的存储器位的常开触点或它们的并联电路来驱动输出位线圈。如图 5.15 所示。

图 5.15　输出电路

并列序列转换举例:如图 5.16 所示的(a)并列序列的顺序功能图转换成(b)梯形图。

选择与并列序列转换举例:如图 5.17 所示的选择与并列序列的顺序功能图。对应的转换电路和输出电路如图 5.18、图 5.19 所示。

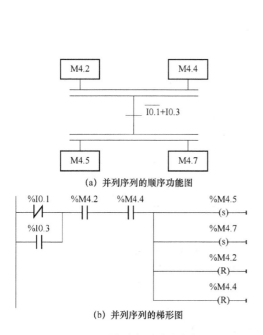

(a) 并列序列的顺序功能图

(b) 并列序列的梯形图

图 5.16　并列序列转换实例

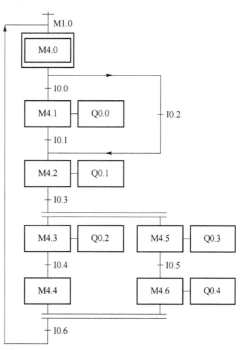

图 5.17　选择与并列序列顺序功能图

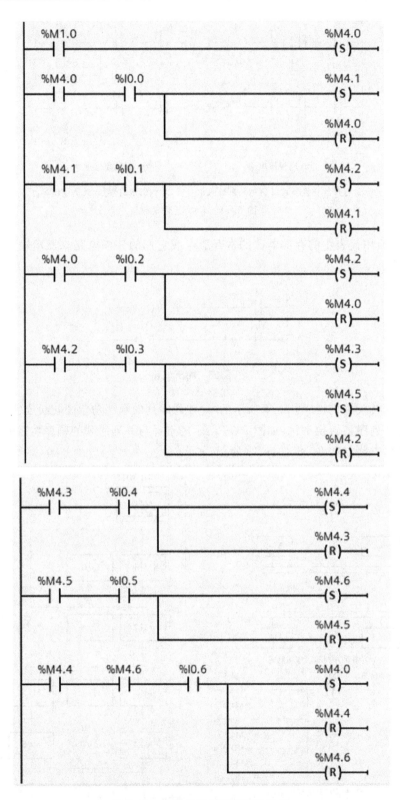

图 5.18　选择与并列序列转换电路

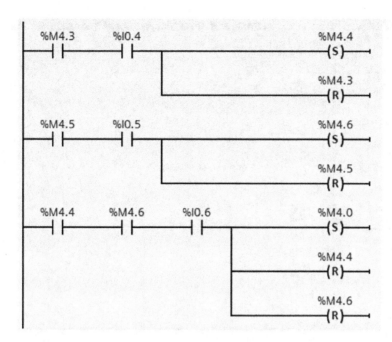

图 5.19　选择与并列序列输出电路

3. 任务小结

通过本任务的学习,让读者学会基于顺序功能图的梯形图设计。其基本步骤如下:分析控制要求→为每个步设定控制位→确定所需输入和输出点,做出 I/O 分配→在前两步的基础上,画出顺序功能图→根据功能图画梯形图→添加某些特殊要求的程序。

任务 13　一位数码管显示 0~9 电路设计

1. 目的与要求

通过完成一位数码管显示 0~9 的程序设计,让读者掌握功能(FC)程序设计以及在 OB1 中调用功能(FC)的方法。

编写并完成一位数码管显示 0~9 的程序,间隔时间 1 s。

2. 操作步骤

(1) I/O 分配

根据任务需求分析,输入点为:启动按钮(I0.0),停止按钮(I0.1)。输出点为:A(Q0.0),B(Q0.1),C(Q0.2),D(Q0.3),E(Q0.4),F(Q0.5),G(Q0.6)。

(2) 生成功能(FC)

双击项目树中添加新块,出现如图 5.20 所示对话框。单击 FC 块,在名称栏中填写"一位数码管显示电路设计",在语言栏中选择 LAD,点击确定。进入 FC 程序设计界面。

图 5.20　添加新块对话框

（3）生成功能的局部数据

将鼠标的光标放在 FC1 的程序区最上面标有"块接口"的水平分隔条上，按住鼠标左键，往下拉动分隔条，分隔条上面是函数的接口区，下面是程序区。如图 5.21 所示。

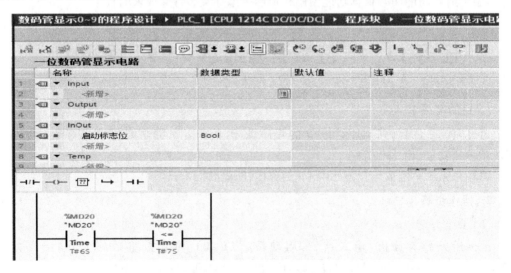

图 5.21　生成功能的局部数据

在接口区中生成局部变量，在 Input 名称列的下面输入"启动按钮"，后面的数据类型列中选择 Bool。用同样的方法将其他的输入/输出、中间变量输入到接口区。如图 5.22所示。

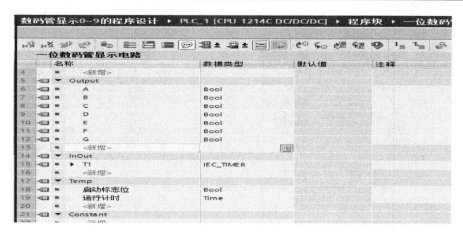

图 5.22　在接口区生成局部变量

（4）编写 FC1 程序

一位数码管显示 0～9 的参考程序如图 5.23 所示。

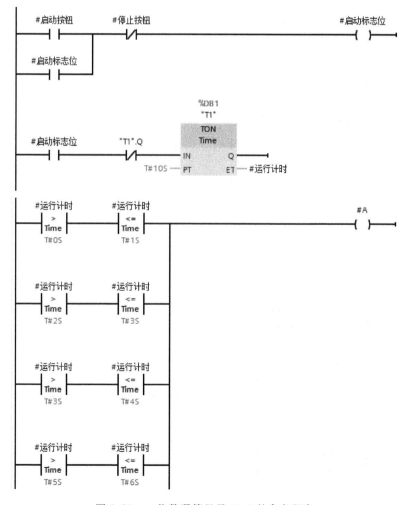

图 5.23　一位数码管显示 0～9 的参考程序

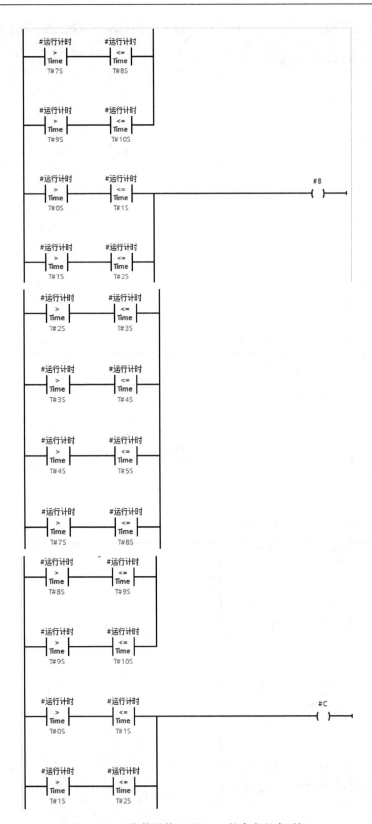

图 5.23　一位数码管显示 0～9 的参考程序(续)

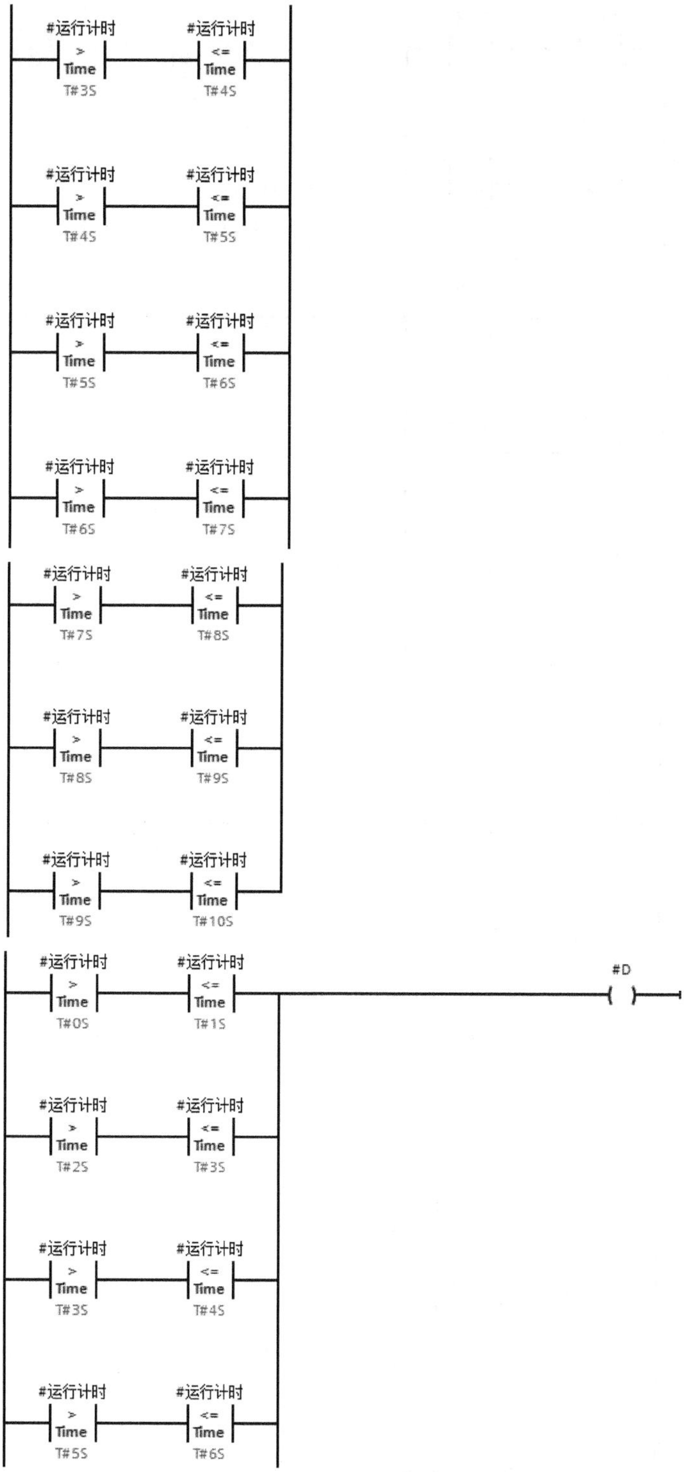

图 5.23　一位数码管显示 0～9 的参考程序(续)

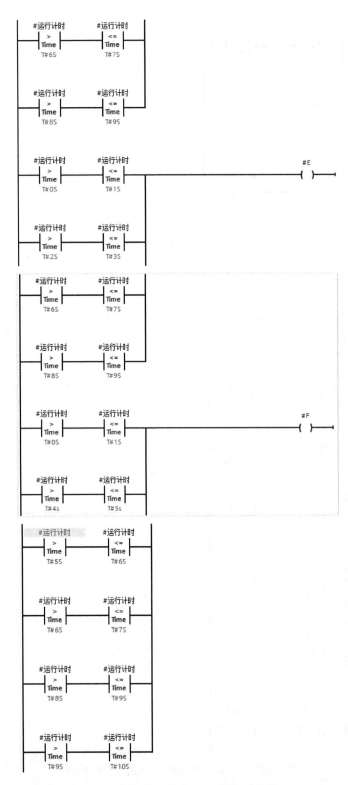

图 5.23　一位数码管显示 0~9 的参考程序(续)

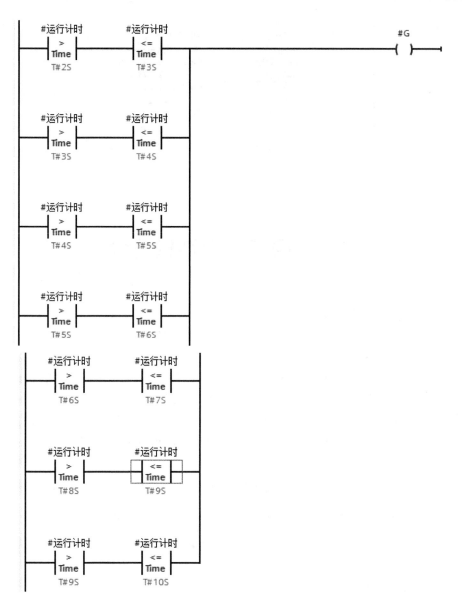

图 5.23　一位数码管显示 0～9 的参考程序(续)

(5) 在主程序 OB1 中调用功能 FC1(一位数码管显示电路设计)

双击 Main[OB1],按住鼠标左键将 FC1(一位数码管显示电路设计)拉到程序区,如图 5.24 所示。这样就完成了 FC1 的调用。FC1 左边的"启动按钮"等是在 FC1 的接口区中定义的 Input 和 Output 参数,右边的"A"等是输出参数,称为形参。OB1 调用 FC1 时,需要给每个形参指定实际的参数,简称为实参。如 I0.0。

3. 任务小结

通过本任务的程序设计,让读者掌握功能(FC)程序设计以及在 OB1 中调用功能 (FC)的方法。其基本步骤为:I/O 分配→生成功能(FC)→生成功能的局部数据→编写 FC1 程序→在主程序 OB1 中调用功能 FC1。

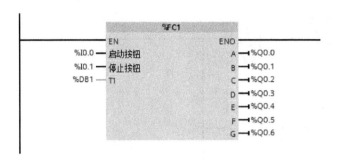

图 5.24　在 OB1 中调用 FC1

5.3　用户程序结构简介

5.3.1　生成与调用功能(FC)

1. 功能(FC)特点

功能(Function,FC)和功能块(Function Block,FB)是用户编写的子程序,他们包含完成特定任务的程序。FC 和 FB 有与调用它的块共享的输入、输出参数,执行完 FC 和 FB 后,将执行结果返回给调用它的代码块。功能没有固定的存储区,功能执行结束后,其局部变量中的临时数据就丢失了。可以用全局变量来存储那些在功能执行结束后需要保存的数据。

2. 生成功能(FC)

一位数码管显示 0～9 电路设计,用功能 FC1 实现,在 OB1 中调用 FC1。在项目树程序块中双击"添加新块",出现如前面图 5.20 所示对话框。单击上面的 ，在名称栏中填写"一位数码管显示电路设计",在语言栏中选择 LAD,点击确定。进入 FC 程序设计界面。

3. 生成功能的局部数据

在界面区中生成局部变量,只能在它所在的块中使用。局部变量的名字由字符(包括汉字)和数字组成。如前面图 5.22 所示。

> Input(输入参数):由调用它的块提供的输入数据。
> Output(输出参数):返回给调用它的块的程序执行结果。
> InOut(输入_输出参数):初值由调用它的块提供,块执行后将它的返回值返回给调用它的块。
> Temp(临时数据):暂时保存在局部数据堆栈中的数据。只是在执行块时使用临时数据,执行完后,不在保存临时数据的数值,它可能被别的块的临时数据覆盖。
> Return 中的 Ret_Val(返回值),属于输出参数。如前面图 5.21 所示。

生成局部变量时,不需要指定存储器地址,根据各变量的类型,程序编辑器自动地为所有变量指定存储器地址。

返回值 Ret_Val 属于输出参数,默认的数据类型为 Void,该数据类型不保存数据,用于功能不需要返回值的情况,在调用 FC1 时,看不到 Ret_Val。如果将它设置为 Void 之外的数据类型,在 FC1 内部编程时可以使用该变量,调用 FC1 时可以在方框的右边看到作为输出参数的 Ret_Val。

4. FC1 的程序设计

如图 5.25 数码管显示 0～9 电路设计(FC1)的部分电路。STEP 7 Basic 自动地在局部变量的前面添加♯号。

图 5.25　FC1 的部分电路

5. 在主程序 OB1 中调用功能 FC1

双击 Main[OB1],按住鼠标左键将 FC1(一位数码管显示电路设计)拉到程序区,如前面图 5.24 所示。这样就完成了 FC1 的调用。FC1 左边的"启动按钮"等是在 FC1 的接口区中定义的 Input 和 Output 参数,右边的"A"等是输出参数,称为形参。OB1 调用 FC1 时,需要给每个形参指定实际的参数,简称为实参。如 I0.0。

☞ **小提示**

实参与它对应的形参应具有相同的数据类型。

任务 14　广场喷泉系统控制(两种方式)

1. 目的与要求

通过完成两种工作方式下广场喷泉控制系统设计,让读者掌握功能块(FB)程序设计以及调用功能块(FB)的方法。

任务要求:一个喷泉池里有 A、B、C 三种喷头。喷泉的喷水规律是:按下启动按钮,喷泉控制装置开始工作;按下停止按钮,喷泉装置停止工作。喷泉的工作方式有以下两种,可通过方式选择开关来选择。

方式一:开始工作时,A 喷头喷水 3 s,接着 B 喷头喷水 3 s,然后 C 喷头喷水 3 s,最后 D 喷头喷水 20 s;重复上述过程,直到按下停止按钮为止。

方式二:开始工作时,A,C 喷头喷水 5 s,接着 B,D 喷头喷水 5 s,停 2 s,如此交替运行 60 s,然后 4 组喷头全喷水 20 s;重复上述过程,直到按下停止按钮。

2. 操作步骤

(1) I/O 分配

广场喷泉系统控制 I/O 分配表如表 5.2 所示。

表 5.2 广场喷泉系统控制 I/O 分配表

输入	功能	输出	功能
I0.0	启动按钮	Q0.0	A
I0.1	停止按钮	Q0.1	B
I0.6	方式选择开关	Q0.2	C
		Q0.3	D

（2）生成功能块（FB1）

双击项目树中添加新块，出现如图 5.26 所示对话框。单击 FB 函数块，在名称栏中填写"喷泉控制"，在语言栏中选择 LAD，单击确定，生成功能块 FB1。用同样的方法生成功能块 FB2（方式一）和 FB3（方式二）。

图 5.26 生成功能块（FB）

（3）生成功能块的局部变量

打开 FB2，将鼠标的光标放在 FB2 的程序区最上面标有"块接口"的水平分隔条上，按住鼠标左键，往下拉动分隔条，分隔条上面是函数的接口区，下面是程序区，如图 5.27 所示。

图 5.27 FB1 程序设计界面

在接口区中生成方式一（FB2）局部变量，在 Input 名称列的下面输入"启动按钮"，后面的数据类型列中选择 Bool。用同样的方法将其他的输入/输出、中间变量输入到接口区。

如图 5.28 所示在接口区生成局部变量。

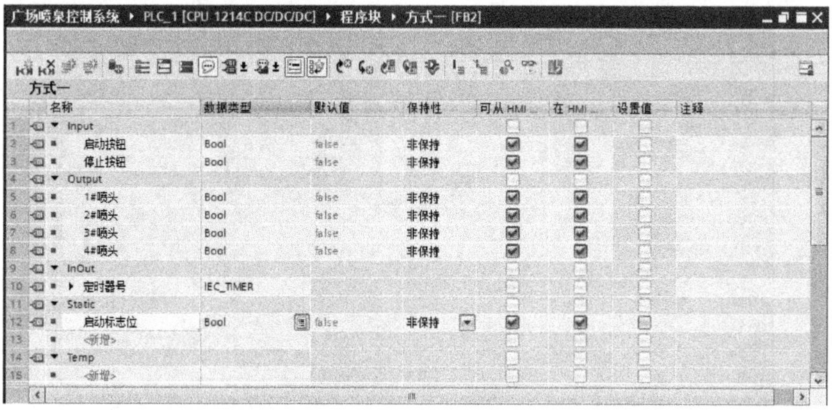

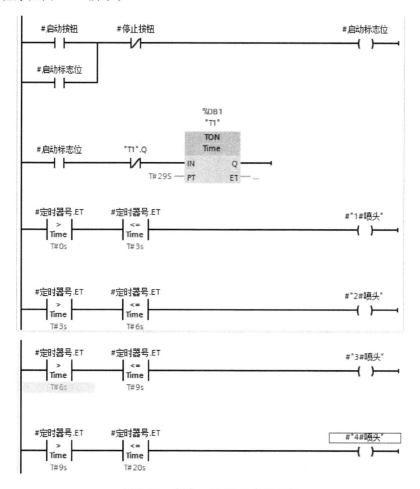

图 5.28　在接口区生成方式一(FB2)局部变量

(4) 方式一(FB2)块程序设计

参考程序如图 5.29 所示。

图 5.29　方式一(FB2)块参考程序

用同样的方法生成方式二(FB3)局部变量。如图 5.30 所示。

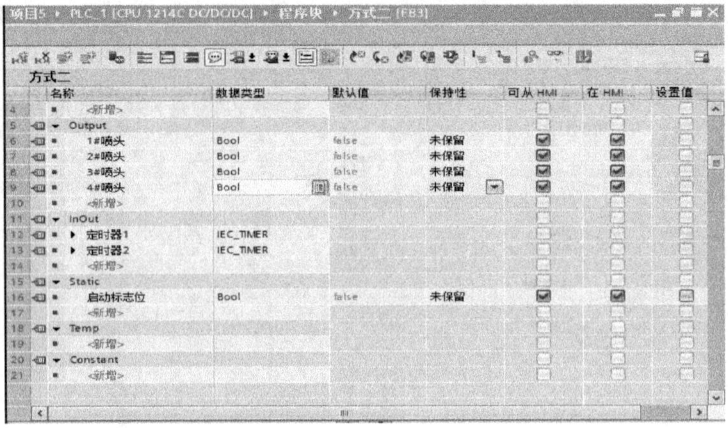

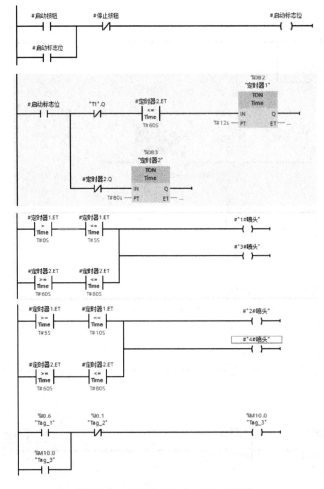

图 5.30　在接口区生成方式二(FB3)局部变量

FB3 块(方式二)参考程序如图 5.31 所示。

图 5.31　FB3 块(方式二)参考程序

（5）在 FB1 块中调用功能块 FB2(方式一)和 FB3(方式二)

双击 FB1 块,按住鼠标左键将 FB2(方式一)拉到程序区,按住鼠标左键将 FB3(方式二)拉到程序区,如图 5.32 所示。这样就完成了 FB2(方式一)和 FB3(方式二)的调用。FB2 左边的"启动按钮"等是在 FB2 的接口区中定义的 Input 和 Output 参数,右边的"1#喷头"等是输出参数,称为形参。FB1 调用 FB2 时,需要给每个形参指定实际的参数,简称为实参,如 Q0.0。FB3 块(方式二)同理。I0.6 为喷泉控制系统两种工作方式,即方式一和方式二选择按钮。若 M10.0=1,则喷泉按照方式二的任务要求工作;若 M10.0=0,则喷泉按照方式一的任务要求工作。

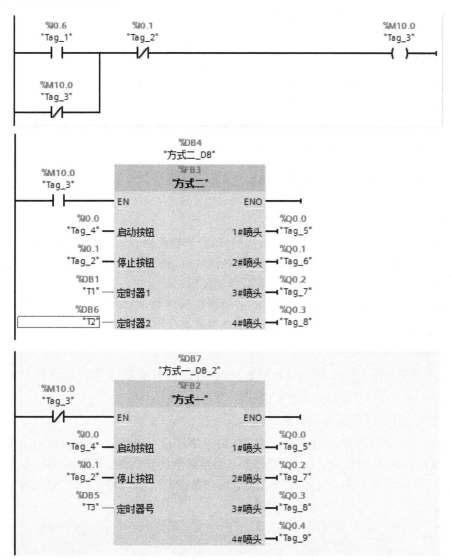

图 5.32　FB1 调用 FB2 块和 FB3 块

在喷泉控制 FB1 块中调用 FB2 块和 FB3 块时,会出现 FB2 块和 FB3 块的背景数据块。如图 5.33 所示为方式一的背景数据块。

图 5.33　方式一的背景数据块

3. 任务小结

通过本任务的学习与设计,让读者掌握功能块(FB)程序设计与调用功能块(FB)的方法。其基本步骤如下:

I/O 分配→生成功能块(FB1)→生成功能块的局部变量→方式一(FB2)块程序设计→在 FB1 块中调用功能块 FB2(方式一)和 FB3(方式二)

5.3.2　生成与调用功能块(FB)

1. 功能块的特点

功能块(FB)是用户编写的有自己的存储区(背景数据块)的块。FB 的典型应用是执行不能在一个扫描周期结束的操作。每次调用功能块时,都需要指定一个背景数据块,背景数据块随功能块的调用而打开,在调用结束时自动关闭。

功能块的输入、输出和静态变量(Static)用指定的背景数据块保存,但是不会保存临时局部变量(Temp)中的数据。功能块执行后,背景数据块中的数据不会丢失。

2. 生成功能块(FB)

双击项目树中添加新块,单击 FB 函数块,在名称栏中填写“广场喷泉系统控制”,在语言栏中选择 LAD,点击确定,生成功能块 FB。

3. 生成功能块(FB)的局部变量

打开功能块 FB,将鼠标的光标放在 FB 的程序区最上面标有“块接口”的水平分隔条上,按住鼠标左键,往下拉动分隔条,分隔条上面是函数的接口区,下面是程序区,如前面图5.21 所示。功能块的数据永久性地保存在它的背景数据块中,如图 5.33 所示,在功能块执行完后也不会丢失,以供下次执行时使用。

> **小提示**
>
> 1. 临时变量(Temp):只有当块执行时存储数据的变量。当退出这些块时存储数据丢失。可以在所有的程序块中(FB、FC、DB)声明临时变量。
>
> 2. 静态变量(Static):如果有一些变量在块调用结束后还需将其数值保存下来,则必须将其存储在静态变量中。(FB 块中有而 FC 块中没有)。静态变量将被保存在背景数据块中。
>
> 3. Input,Output,Inout 会生成外部接口,但 Static 不会生成外部接口。

4. 编写 FB 块程序

如图 5.34 所示,STEP 7 Basic 自动地在局部变量的前面添加♯号。

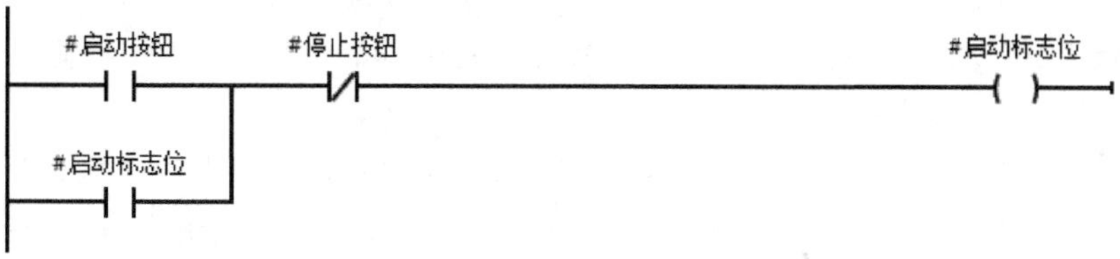

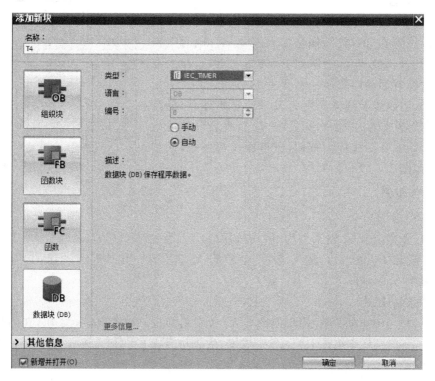

图 5.34　STEP 7 Basic 自动地在局部变量的前面添加♯号

5. 功能块 FB 的调用

在喷泉控制 FB1 调用 FB2(方式一)时双击 FB1 块,按住鼠标左键将 FB2(方式一)拉到程序区,这样就完成了 FB2(方式一)的调用。在调用时会产生方式一的背景数据块,用来存放输入、输出或输入/输出参数。

可以给 FB 接口中的参数赋初值。这些值将传送到相关的背景 DB 中。如果未分配参数,将使用当前存储在背景 DB 中的值。

在调用 FB 块时,定时器号的生成如图 5.35 所示,双击添加新块,单击数据块(DB),在名称栏中填写 T4,在类型栏选择 IEC_TIMER,单击确定。将项目树中的 T4(DB)按住鼠标左键拉向定时器号的位置即可。

图 5.35　定时器号的生成

105

☞ **小提示**

功能 FC 与功能块 FB 区别。

(1) 功能块 FB 有背景数据块,功能 FC 没有背景数据块。

(2) 功能 FC 只能在功能内部访问它的局部变量,功能块 FB 可以被其他代码块或 HMI 访问背景数据块中的变量。

(3) 功能 FC 没有静态变量,功能块 FB 有保存在背景数据块中的静态变量。

功能 FC 如果有执行完后需要保存的数据,只能存放在全局变量中,但这样会影响功能的可移植性。

(4) 功能块 FB 的局部变量(不包含 Temp)有默认值(初始值),功能 FC 的局部变量没有初始值。在调用功能块 FB 时如果没有设置某些输入、输出参数的实参,将使用背景数据块中的初始值。调用功能时应给所有的形参指定实参。

任务 15　液体混合系统设计

1. 目的与要求

通过液体混合系统设计,让读者掌握多重背景数据块程序设计方法。

任务要求:按下启动按钮,电磁阀 Y_1 闭合,开始注入液体 A,液位到 L_2 的高度,停止注入液体 A。同时电磁阀 Y_2 闭合,注入液体 B,液体到 L_1 的高度,停止注入液体 B,开启搅拌机 M,搅拌 4 s,停止搅拌。同时 Y_3 为 ON,开始放出液体至液体高度为 L_3 时,开始计时,再经 2 s 后液体全部放出,关闭 Y_3。关闭 Y_3 后重新开始注入液体 A,开始循环。按停止按钮,所有操作都停止,须重新启动。如图 5.36 所示。

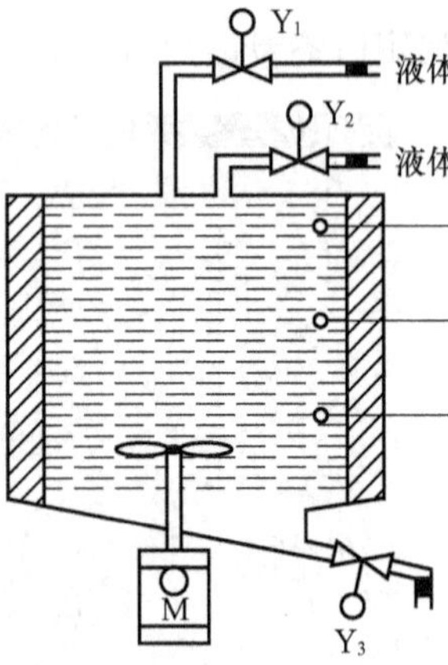

2. 操作步骤

(1) I/O 分配

图 5.36　液体混合系统示意图

根据任务需求分析,输入点为:启动按钮($I0.0$),停止按钮($I0.1$),液位 L_1($I0.2$),液位 L_2($I0.3$),液位 L_3($I0.3$)。输出点为:电磁阀 Y_1($Q0.0$),电磁阀 Y_2($Q0.1$),电磁阀 Y_3($Q0.2$),搅拌机 M($Q0.3$)。

(2) 生成功能块

双击项目树中添加新块,出现如图 5.37 所示对话框。单击 FB 函数块,在名称栏中填写"FB_C",在语言栏中选择 LAD,单击确定,生成功能块 FB_C[FB2]。用同样的方法生成功能块 FB_System[FB1]。

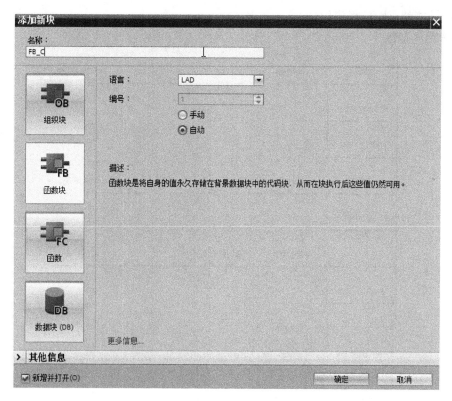

图 5.37　生成功能块 FB_C

打开 FB_C，将鼠标的光标放在 FB_C 的程序区最上面标有"块接口"的水平分隔条上，按住鼠标左键，往下拉动分隔条，分隔条上面是函数的接口区，下面是程序区。在接口区中生成 FB_C 的局部变量，在 Input 名称列的下面输入"启动按钮"，后面的数据类型列中选择 Bool。用同样的方法将其他的输入/输出、中间变量输入到接口区，如图 5.38 所示。

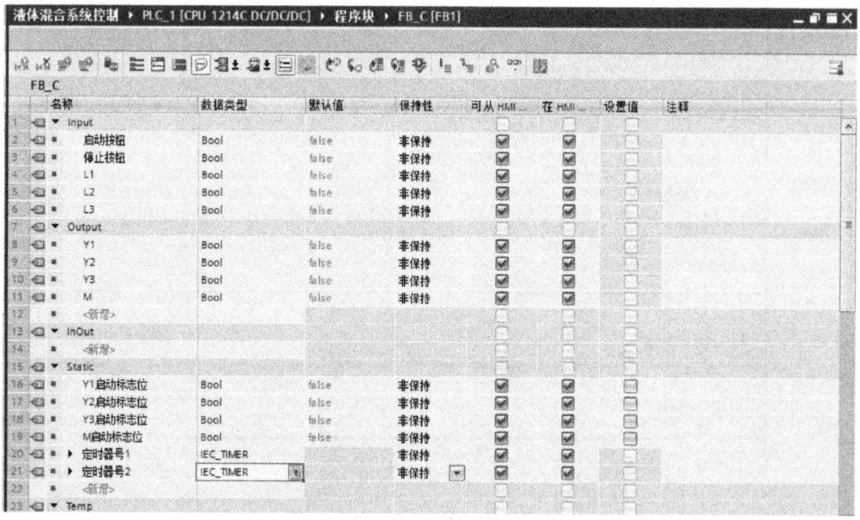

图 5.38　在接口区生成局部变量

（3）功能块 FB_C 程序设计

参考程序如图 5.39 所示。

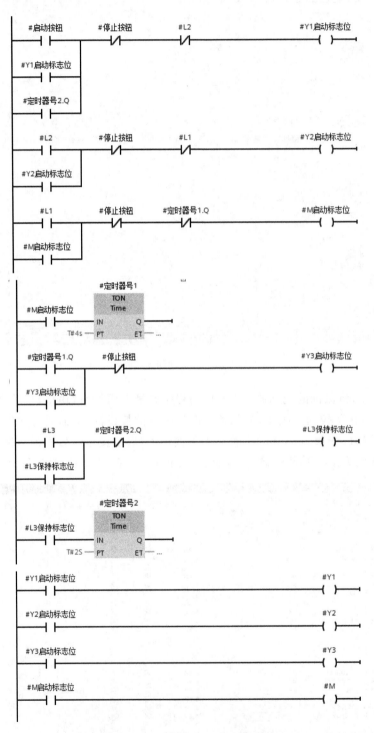

图 5.39　功能块 FB_C 程序设计参考程序

（4）用于用户生成的功能块的多重背景

双击 FB_System[FB1]，在 FB_System[FB1] 的用户接口中，找到静态变量 Static，在 Static 下方新增 C1 和 C2，数据类型选择 FB_C，如图 5.40 所示。

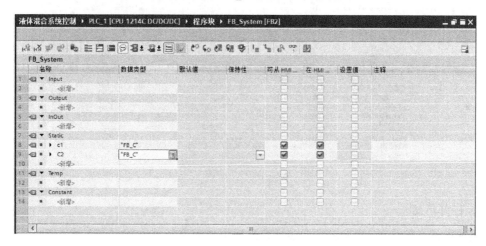

图 5.40　FB_System 用户接口区

此时按住鼠标左键将功能块 FB_C 拖放到功能块 FB_System 的程序设计区，完成功能块 FB_System 对功能块 FB_C 的一次调用。调用时，出现如图 5.41 调用选项对话框，选择多重背景 DB，接口参数名称选择 C1，点击确定。这样调用的功能块将其数据保存在调用功能块的背景数据块中，而不是自己的背景数据块中，因此可以达到数据的集中处理和减少数据块的作用，如图 5.42 所示。

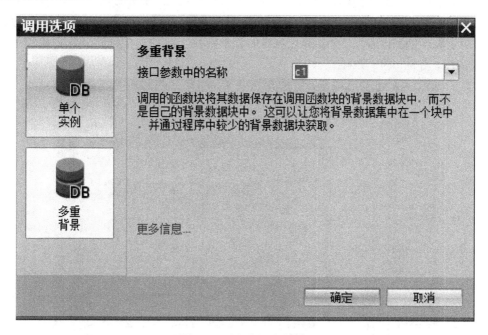

图 5.41　调用选项对话框

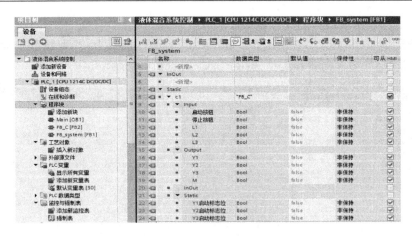

图 5.42 多重背景数据块

3. 任务小结

通过本任务的设计,让读者掌握多重背景数据块程序设计方法。其基本步骤如下:

I/O 分配→生成功能块→功能块 FB_C 程序设计→用于用户生成的功能块的多重背景。

5.3.3 多重背景

1. 定时器计数器的多重背景

S7-1200 的定时器计数器指令每次调用时,都需要指定一个背景数据块。如果这类指令很多,将会生成大量的数据块"碎片"。为了解决这个问题,在功能块中使用定时器、计数器指令时,可以在功能块的界面区定义数据类型为 IEC_Timer 或 IEC_Counter 的静态变量,用这些静态变量来提供定时器和计数器的背景数据。这种功能的背景数据块称为多重背景数据块。如图 5.43 所示。

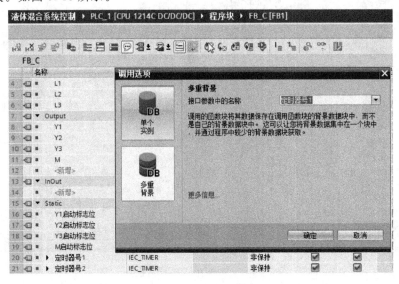

图 5.43 FB_C 接口区与定时器的多重背景数据块

　　这样多个定时器或计数器的背景数据块被包含在它们所在的功能块的背景数据块中，而不需要为每个定时器或计数器设置一个单独的背景数据块，减少了处理数据的时间，能更合理地利用存储空间。

　　在共享的多重背景数据块中，定时器、计数器的数据结构之间不会产生相互作用。

2. 用户生成的功能块的多重背景

　　用户生成的功能块实现多重背景根本目的是为了达到数据的集中处理和减少数据块的作用。以液体混合系统设计为例，为了实现多重背景，要生成两个功能块，即 FB_System 和 FB_C。在功能块 FB_C 中定义接口变量，编写用户程序。在功能块 FB_System 中定义接口变量时，在静态变量 Static 下方定义数据类型为 FB_C 的静态变量 C_1。

　　双击打开 FB_System，调用 FB_C，出现"调用选项"对话框。如图 5.44 所示，单击多重背景 DB，在接口参数中的名称选择 C_1，点击确定。

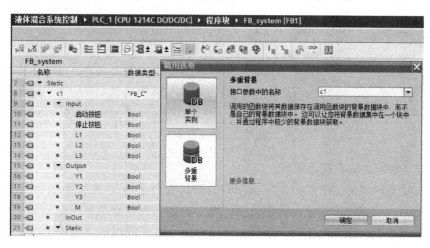

图 5.44　FB_System 的用户接口区和调用 FB_C 的调用选项

　　这样 FB_System 的静态变量 C_1 提供 FB_C 的背景数据。同样的方法，FB_System 中再次调用 FB_C 时，用 FB_System 中的静态变量 C_2 提供 FB_C 的背景数据。

任务 16　将数据块中的整形变量 a，b 相加，结果送给变量 c 中

1. 目的与要求

通过任务 16 的设计，让读者掌握全局数据块程序设计及使用方法。

任务要求：将数据块中的整形变量 a，b 相加，结果送给变量 c 中。

2. 操作步骤

（1）创建数据块

双击"添加新块"，单击数据块按钮，输入数据块名称，输入数据块类型全局 DB，点击"确定"，如图 5.45 所示。

图 5.45　创建数据块

（2）定义数据块的数据结构

在数据块编辑器的工作区中，单击名称列，输入变量名为 a，数据类型选为 int，可以看到在偏移量中自动分配了变量在数据块中的绝对地址。在初始值列中输入初始值，这里不对初始值进行修改。这样就完成了对变量 a 的声明。按照同样的方法声明变量 b 和 c。单击任何一项的保持性一列，可以看到此设置对该数据块的所有变量都有效。这样数据块的数据结构就定义完成了，如图 5.46 所示。

图 5.46　数据块的数据结构

（3）编写程序

在项目树中，双击 Main[OB1]，打开程序编辑器，参考程序如图 5.47 所示。

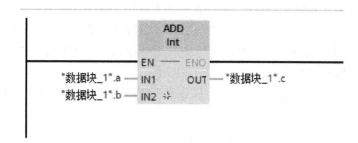

图 5.47　数据块中的整形变量 a,b 相加,结果送给变量 c 中参考程序

3. 任务小结

通过此任务的设计,让读者掌握全局数据块程序设计及使用方法。操作步骤如下:
创建数据块→定义数据块的数据结构→编写程序

5.3.4　全局数据块(DB)

1. 数据块概述

(1) S7-1200 CPU 数据存储区

S7-1200 CPU 为用户程序提供的数据存储区有:过程映像区,包括输入 I 区和输出 Q 区;位存储区,即 M 区;局部数据区,即 L 堆栈;数据块及 DB 块。如图 5.48 所示。

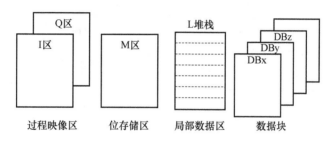

图 5.48　S7-1200 CPU 数据存储区

(2) S7-1200 CPU 中的数据块

S7-1200 CPU 中的数据块按照变量使用范围不同,可以分为全局数据块和背景数据块。如图 5.49 所示。

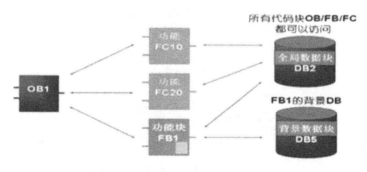

图 5.49　S7-1200 CPU 中的数据块

全局数据块用于存储全局数据,所有代码块 OB 块、FB 块、FC 都可以访问全局数据块。

背景数据块用于存储只在某个 FB 中需要存储的数据,是直接分配给特定 FB 的私有存储区,仅限特定的 FB 访问。S7-1200 CPU 中除了一般的 FB 使用的背景数据块外,还有专为定时器计数器使用的背景数据块。

全局数据块只包含静态变量,用户可以在声明表中编辑定义要包含的变量。如图 5.50 所示。

		名称	数据类型	启动值	保持性	可从 HMI ...	在 HMI ...
1		▼ Static					
2		a	Int	0	☑	☑	☑
3		b	Int	0	☑	☑	☑
4		c	Int	0	☑	☑	☑
5		<新增>					

图 5.50　全局数据块变量声明表

背景数据块的结构完全取决于指定功能块的接口声明,准确包含接口声明中的参数和静态变量,用户不能自行编辑修改它的结构。如图 5.51 所示。

		名称	数据类型	默认值	保持性	可从 HMI ...	在 HMI ...
1		▼ Input					
2		a	Int	0	非保持	☑	☑
3		b	Int	0	非保持	☑	☑
4		启动按钮	Int	0	非保持	☑	☑
5		<新增>					
6		▼ Output					
7		c	Int	0	非保持	☑	☑
8		<新增>					
9		▼ InOut					
10		<新增>					
11		▼ Static					
12		启动标志位	Bool	false	非保持	☑	☑
13		定时器号1	Bool	false	非保持	☑	☑

图 5.51　背景数据块变量声明表

（3）数据块的"仅符号访问"属性

用户在编辑生成数据块时,需要指定是否启用仅符号访问选项。此特性在数据块生成以后将无法更改。如图 5.52 所示。

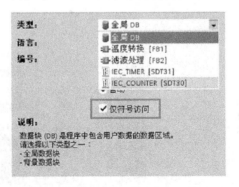

图 5.52　数据块的仅符号访问选项

当用户不启用仅符号访问时,S7-1200 CPU 将使用传统的绝对地址存储方式。如图 5.53 所示。

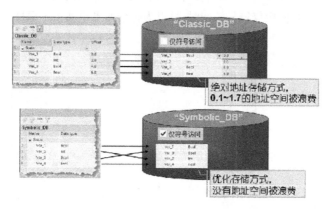

图 5.53 数据块的绝对地址存储

不同数据类型的数据被定义在一起时,他们之间可能存在被浪费的地址空间。当用户启用仅符号访问时,S7-1200 将优化存储。变量之间即使数据类型不同,也不会出现空隙,减少地址空间。不启用"仅符号访问"时,用户可以采用符号和绝对地址两种方式访问其中的数据。使用"仅符号访问"时,用户只能采用符号方式访问其中的数据。

符号方式访问时需要指明数据块的符号名称以及定义的变量名称,如图 5.54 所示。

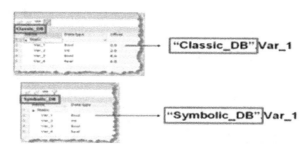

图 5.54 数据块中数据的符号访问

绝对地址访问时,需要指明数据块的编号以及变量在数据块中的绝对地址。例如 DB6.DBX0.0。如图 5.55 所示。

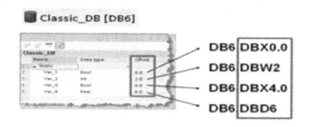

图 5.55 数据块中变量的绝对地址访问

（4）数据块的保持性设置

当全局数据块不启用仅符号访问时，保持性设置对该数据块的所有变量都有效，无法单独指定各个变量的保持性。当使用仅符号访问时，可以为各个变量单独指定保持性，如图 5.56 所示。

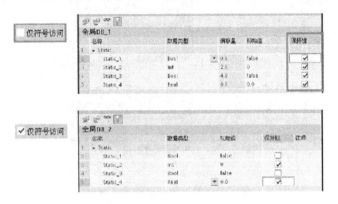

图 5.56　全局数据块的保持性设置

背景数据块的仅符号访问选项和保持性是否可编辑完全取决于指定功能块的仅符号访问选项设置，如图 5.57。如果指定功能块不使用仅符号访问，则背景数据块保持性设置可编辑，并且对该数据块的所有变量都有效。如果指定功能块启用仅符号访问，则背景数据块保持性设置不可编辑，并且会采用指定功能块中所有变量的保持性设置。

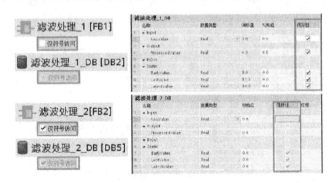

图 5.57　背景数据块的保持性设置

任务 17　利用循环中断产生 1 Hz 的时钟信号，在 Q0.0 输出

1. 目的与要求

通过此任务的设计，让读者掌握各类组织块的使用。

利用循环中断产生 1 Hz 的时钟信号，在 Q0.0 输出。

2. 任务分析

1 Hz 的时钟信号周期为 1 s，高、低电平各持续 500 ms，交替出现，因此每隔 500 ms 产生中断,在循环中断组织块程序中对 Q0.0 取反即可。

3．操作步骤

（1）添加组织块

双击打开添加新块对话框,如图 5.58 所示,单击组织块按钮 OB,选择循环中断 Cyclic interrupt,输入组织块的名称,这里不做修改;编程语言默认为 LAD,自动分配组织块编号 30,这里我们修改为 200,循环时间(ms)改为 500,点击确定。

图 5.58　添加新块对话框

如图 5.59 所示,可以看到程序块下增加了循环中断组织块 OB200,同时在工作区中打开了循环中断组织块的程序编辑器。

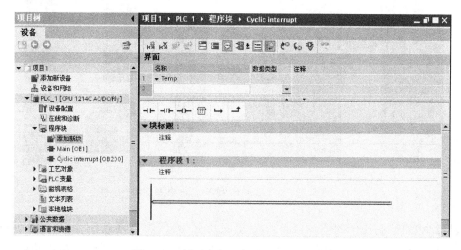

图 5.59　循环中断组织块的程序编辑器

（2）编写程序

参考程序如图 5.60 所示。

图 5.60 循环中断组织块参考程序

（3）编译下载程序到 PLC

选中项目树中的 PLC,单击编译按钮编译项目,单击下载按钮将所有块下载到 PLC。

（4）查看程序运行情况

单击监视按钮 ◙，观察程序运行情况,可以看到在 Q0.0 产生了 1 Hz 的时钟信号。

4. 任务小结

通过此任务的设计,让读者掌握各类组织块的使用。其基本步骤如下:

添加组织块→编写程序→编译下载程序到 PLC→查看程序运行情况

5.3.5 组织块

S7-1200 CPU 为用户提供了不同的块类型来执行自动化系统中的任务。其中组织块 OB 是操作系统和用户程序之间的接口。可以通过对组织块的编程来控制 PLC 的动作。组织块由操作系统调用,用组织块可以创建在特定时间执行的程序以及响应特定事件的程序,如图 5.61 所示。

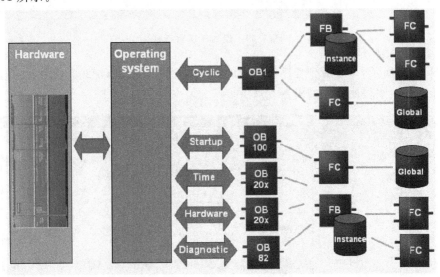

图 5.61 S7-1200 CPU 中各种类型的块

按照组织块控制操作的不同,S7-1200 组织块分为:程序循环组织块（Program cycle）,启动组织块（Startup）,延时中断组织块（Time delay interrupt）,循环中断组织块（Cyclie interrupt),硬件中断组织块（Hardware interrupt），时间错误中断组织块（Time error interrupt），诊断错误中断组织块（Diagnostic error interrupt）7 种组织块。某些组织块在启动时，操作系统将输出启动信息，用户编写组织块程序时，可根据这些启动信息进行相应处理。

1. 启动组织块

启动组织块在 CPU 从 Stop 模式切换到 Run 模式期间执行一次 OB；一般用于编写初始化程序，如赋初始值。可以使用多个启动组织块，默认的是 OB100，其他的启动 OB 的编号应大于等于 200。一般只需要一个启动组织块。OB100 和 OB201 的程序如图 5.62 所示。启动组织块包含启动信息。

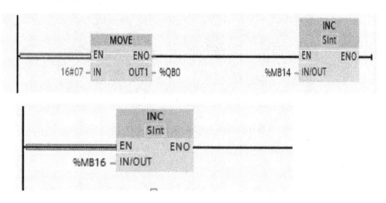

图 5.62　OB100 和 OB201 的参考程序

将 CPU 切换到 Run 后，QB0 的数值为 7，MB14 和 MB16 的值为 1，说明只执行了一次 OB100 和 OB201。

2. 程序循环组织块

要启动用户程序执行，项目中至少要有一个程序循环组织块，如 OB1；操作系统在每个扫描周期调用程序循环组织块一次；可以使用多个程序循环组织块；程序循环组织块的优先等级为 1，这对应于所有组织块的最低优先等级，任何其他类别的事件都可以中断循环程序的执行；程序循环组织块没有启动信息。循环组织块在每个扫描周期会不停地执行，直到另外事件的组织块对它产生中断。如图 5.63 所示。

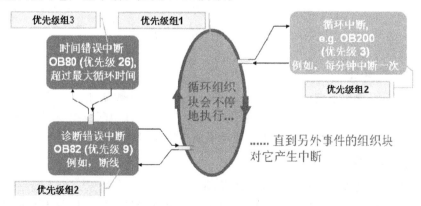

图 5.63　程序循环组织块

处于较高优先级的组织块可以中断较低优先级组中组织块的处理过程。相同优先级组的组织块不会对它们自己产生中断。这些中断会按照它们的优先级增加到队列中,然后按照优先级由高到低的顺序执行。各组织块的优先级如图 5.64 所示。

事件分类	编号	优先级	组
循环程序	1, >=200	1	1
启动	100, >= 200	1	
延时中断	>= 200	3	
循环中断	>= 200	4	2
硬件中断	>= 200	5	
		6	
诊断错误中断	82	9	
时间错误	80	26	3

图 5.64　各组织块的优先级别

3. 延时中断组织块

延时中断组织块在操作系统经过一段用户定义的延迟时间后启动,在调用 SRT_DINT 指令后开始计时;最多可使用 4 个延时中断(延时中断＋循环中断);延时中断组织块没有启动信息。

4. 循环中断组织块

循环中断组织块用于在循环程序执行过程中以周期性时间间隔独立地启动程序;最多可使用 4 个循环中断(延时中断＋循环中断);通过利用相位偏移量,循环中断组织块可以延期执行;循环中断组织块没有启动信息。循环中断时序如图 5.65 所示。

图 5.65　循环中断时序

5. 硬件中断组织块

硬件中断组织块用来响应特定的事件;可以通过高速计数器和输入通道来触发硬件中断;只能将触发事件分配给一个硬件中断组织块,而一个硬件中断组织块可以分配给多个事件;最多可使用 50 个硬件中断组织块。硬件中断组织块没有启动信息。

6. 诊断错误中断组织块

如果具有诊断功能的模块检测到了错误,那么这个模块会触发一个诊断错误中断。在错误发生(进入事件)和错误解决(离开事件)两种情况下操作系统可以调用诊断错误中断组织块。诊断错误中断组织块有启动信息,只能使用一个诊断错误中断组织块 OB82。

7. 时间错误中断组织块

如果发生以下事件,操作系统将调用时间错误中断组织块。例如:循环程序超出最大循环时间,被调用的组织块正在执行,中断组织块队列发生溢出,由于中断负荷过大而导致中断丢失等。时间错误中断组织块有启动信息。只能启用一个时间错误中断组织块 OB80。不会触发组织块启动的事件以及操作系统相应的响应见表5.3。

表 5.3　不会触发组织块启动的事件表

事件	优先级	系统响应
插入/移除模块	21	STOP
程序执行错误	22	忽略
编程错误	23	STOP
I/O访问错误	24	STOP
超出最大循环周期两倍	27	STOP

【知识梳理与总结】

本项目通过一系列的项目任务入手,训练顺序功能图的设计方法。掌握用户程序结构。本项目要掌握的重点内容包括:

(1) 顺序功能图的四要素;

(2) 顺序功能图的基本结构;

(3) 顺序功能图中转换实现的基本原则;

(4) 基于顺序功能图的梯形图设计;

(5) S7-1200 用户程序结构,即组织块、功能 FC、功能块 FB 和全局数据块(DB)。

项目六　人机界面(HMI)的组态与应用

人机界面装置是操作人员与 PLC 之间双向沟通的桥梁,许多工业被控对象要求控制系统具有很强的人机界面功能。S7-1200 与 SIMATIC HMI 精简系列面板无缝兼容,极大地增强了控制系统的人机交互操作功能。本项目选择西门子 SIMATIC HMI 精简系列面板 KTP700 BASIC PN 触摸屏作为人机界面,以西门子 S7-1200 PLC 作为控制器,通过"基于触摸屏实现电机启停控制"任务来学习西门子人机界面的组态和应用技术。

【教学导航】

知识目标:

- 了解人机界面在控制系统中的功能及应用;
- 了解精简系列面板的特点、结构及作用;
- 熟悉精简系列面板的组态应用操作的实施步骤。

知识难点:

- 触摸屏变量连接和对象属性设置。

能力目标:

- 能初步对精简系列面板构成的监控系统项目进行正确创建和组态;
- 能初步设置人机面板与 PLC 通信参数,并实现相互通信;
- 能初步对精简系列面板构成的监控系统进行运行和调试;
- 具备资料收集、整理和自我学习的能力;
- 具备顺利地与相关人员进行沟通、协调和交流的能力。

推荐教学方式:

从工作任务入手,先讲解相关知识,再根据任务要求,把任务分解成几个步骤,一步步引导读者在 TIA Portal V13 软件环境下去创建一个触摸屏人机界面项目以及组态、调试、模拟运行、下载项目,让读者从直观到抽象,从简单到复杂,逐渐学会有关西门子人机界面的组态和应用技术。

任务 18　基于触摸屏实现电机启停控制

1. 目的与要求

本项目任务选择西门子 SIMATIC HMI 精简系列面板 KTP700 BASIC PN 触摸屏作

为人机界面,以 S7-1200 作为控制器,通过单击触摸屏上的"启动"和"停止"按钮,实现对电机的启停控制,并且通过触摸屏上的"系统指示灯"和"电机状态显示"等对象实现对现场系统工作状态的监控功能。

2. 操作步骤

(1)系统硬件组态

1)创建项目

① 首先启动 TIA Portal V13 软件。从桌面上直接双击 ![icon]，启动该软件,打开图 6.1 所示窗口。

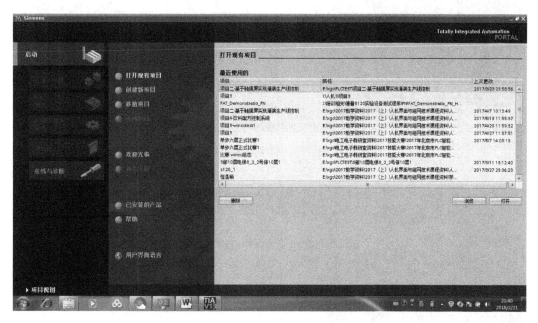

图 6.1 TIA Portal V13 启动窗口

☞ **小提示**

TIA 博途是西门子公司开发的高度集成的工程组态软件,其内部集成了 WinCC Professional,提供了通用的工程组态框架,可以用来对 S7-1200 PLC 和精简系列面板进行高效组态。

② 创建新项目

在图 6.1 所示的工作窗口中,单击"创建新项目",出现如图 6.2 所示对话框,填写"项目名称""路径",单击"创建"按钮。出现图 6.3 所示对话框,这样一个新的项目创建完毕。

2)添加硬件设备

① 添加 PLC 控制器。

如图 6.3 所示,单击"设备与网络"选项中的"组态设备",添加系统相关硬件设备,出现图 6.4 所示窗口。单击图 6.4 窗口中的"添加新设备",出现如图 6.5 所示"新设备"选择窗口。

123

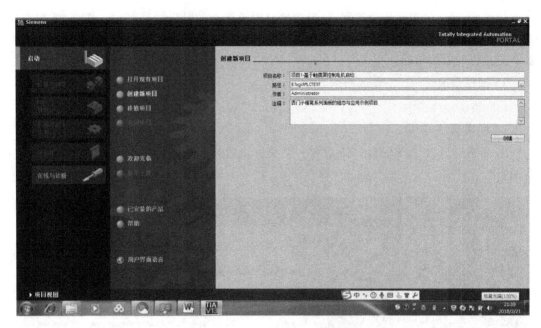

图 6.2　创建新项目 1

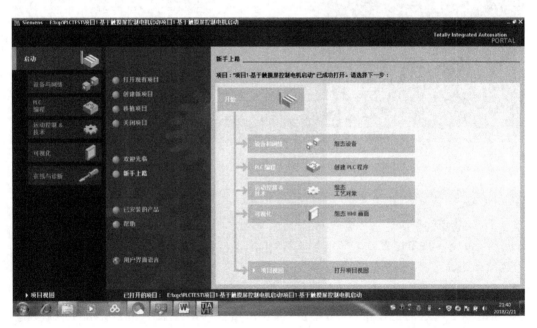

图 6.3　创建新项目 2

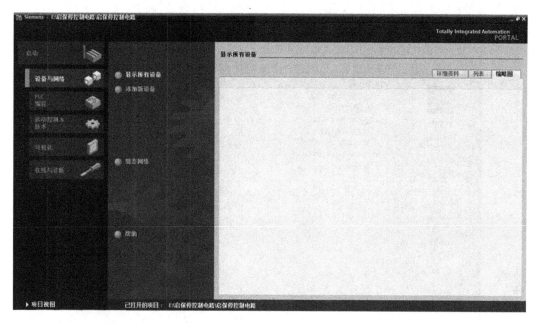

图 6.4　组态硬件设备及网络窗口

在图 6.5 中,单击"控制器"下面的"SIMATIC S7-1200",出现图 6.6 目标 CPU 选择窗口。

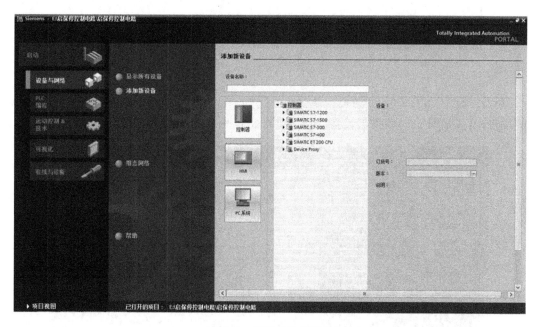

图 6.5　新设备选择窗口

单击图 6.6 中控制器前面的"▶",进入图 6.7 所示对话框。

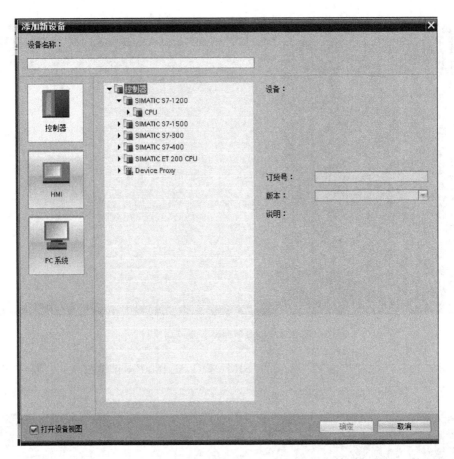

图 6.6　选择目标 CPU

单击"CPU1214C DC/DC/DC"，单击供货号"6ES7214-1AG40-0XB0"，单击右下角"添加"按钮，出现如图 6.7"添加新设备"所示窗口，此时一个 PLC 控制器设备添加完毕。

图 6.7　添加 PLC 控制器新设备界面

② 添加 HMI 设备

如图 6.8 所示,重新选择"添加设备",单击"SIMATIC HMI"按钮,在中间的目录树选中 HMI 设备,选择 HMI→SIMATIC 精简系列面板→7″显示屏→KTP700 BASIC,选择对应订货号的面板。

图 6.8 添加 HMI 触摸屏设备界面

(2) 设备网络组态

下面进行系统设备网络组态,即 S7-1200 PLC 控制器与 HMI 联网的组态。添加完 HMI 设备后。选择"组态网络"项,则进入到项目视图的"网络视图"画面,如图 6.9 所示。单击"网络视图"中呈现绿色的"CPU1214C 的 PROFINET 网络接口",按住鼠标左键拖动至右边呈现绿色的"KTP700 BASIC PN 的 PROFINET 网络接口上",则两者的 PROFINET 网络就连接了(如图 6.10 所示),可以在"网络属性对话框"中修改网络名称。

图 6.9 网络视图界面

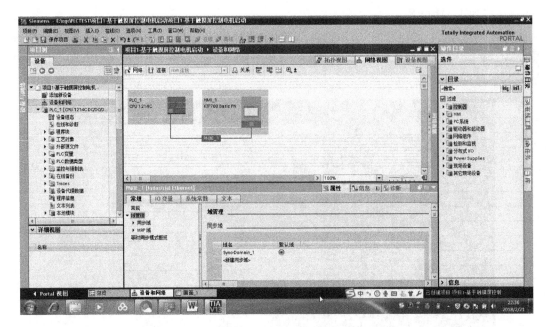

图 6.10　网络连接视图

这样，以 S7-1200 PLC 作为控制器，以 7″KTP700 BASIC PN 触摸屏组成的控制系统的硬件设备和网络连接就组态完毕了。

☞ **小提示**

上面的 HMI 设备和 PLC 网络连接也可通过在创建项目时利用 HMI 设备向导来实现。大家可试着根据设备向导的步骤来完成上述功能。

（3）HMI 可视化组态

根据任务要求，下面进行基于触摸屏电机控制系统的可视化组态。

1）画面布局

根据任务要求，系统画面分为"初始画面"和"控制画面"，"初始画面"作为启动系统时进入的信息显示相关画面，"控制画面"为系统主要监控画面，实现系统的控制和状态监控功能。

2）创建画面

在项目视图的项目树中左侧 HMI 设备中选择双击"画面"选项，出现"添加新画面"和"画面1"两项（图 6.11）。点击"添加新画面"，得到"画面1"和"画面2"两个画面。现把"画面1"作为初始画面，"画面2"作为"控制画面"，修改过程如下。

右键点击"画面1"，选择点击"重命名"（图

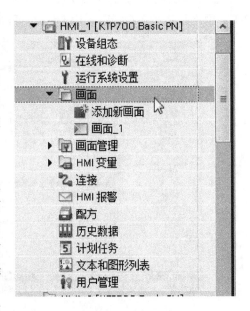

图 6.11　添加画面

128

6.12)选项,重命名为"初始画面"。右键点击"初始画面",选择"定义为启动画面"项,就可以把此初始画面作为系统启动运行时的启动画面,如图6.13所示。

图6.12 创建初始画面　　　　　　　　图6.13 设置系统启动画面

同理,修改"画面2"为"控制画面",系统的画面创建完毕,如图6.14所示。

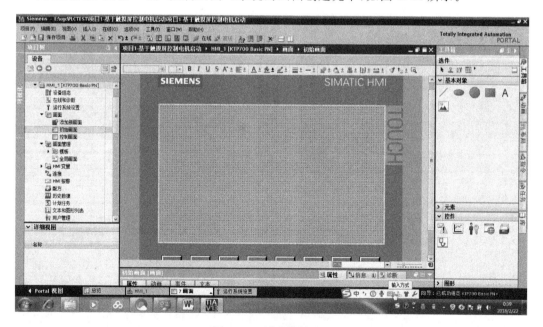

图6.14 创建控制画面

3) 初始画面组态

双击"初始画面",选择工具箱中的"基本对象"窗口中的文本域(图6.15)图标 **A**,将文本域图标放入画面工作区域适当位置。单击文本域或"视图"→"属性"菜单,出现文本域属性设置界面,如图 6.16 所示。在"属性列表"→"常规"中的"文本"项的输入改为"项目一:基于触摸屏实现电机启停控制"。在"属性列表"→"文本格式"项中→"样式"项中为"字体:宋体,21px,style=Bold","方向"为"水平",设置"对齐"为"水平左,垂直中间",如图 6.17 所示。

图 6.15　工具箱文本域选择

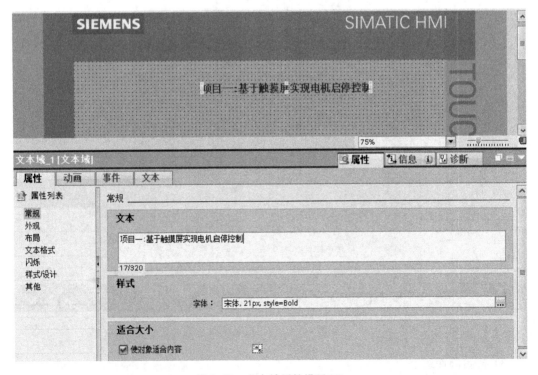

图 6.16　文本域属性设置(1)

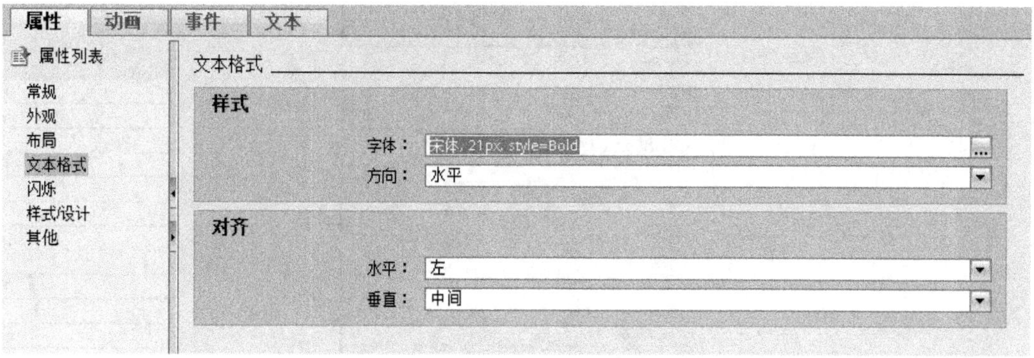

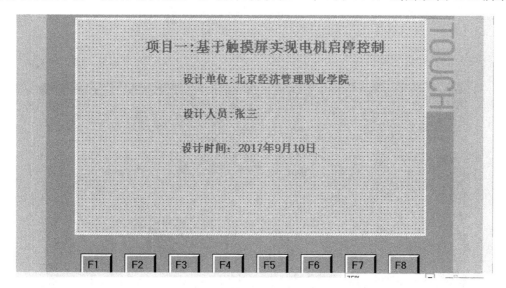

图 6.17 文本域属性设置(2)

用上面所述同样的方法,在初始画面中再添加三个文本域,分别显示"设计单位:北京经济管理职业学院""设计人员:张三"和"设计时间:2017 年 9 月 10 日",结果如图 6.18 所示。

图 6.18 初始画面组态效果

4) 控制画面组态

根据任务要求,在控制画面中,需要有两个按钮(启动和停止)、一个电机以及一个电机运行状态指示灯来实现电机的启停控制和状态监控。下面逐步介绍控制画面的组态过程。

① 电机组态

和初始画面组态过程一样,双击"控制画面"打开控制画面。在控制画面中,单击左边工具箱窗口的"图形"(图 6.19),在"WinCC 图形文件夹/Automation equipment/Motors/256colors"中选择一个电机模型拖放入控制画面工作区,如图 6.20 所示。

图 6.19　电机组态(1)

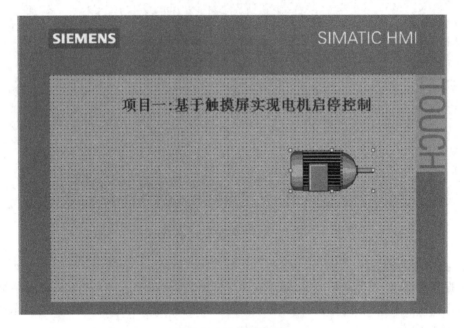

图 6.20　电机组态(2)

　　单击工具箱窗口的"基本对象"→"矩形",在画面中添加一个矩形,放置在电机矩形的位置,按图 6.21 所示设置矩形"属性"→"外观"的边框和颜色。单击"动画"→"显示"→"添加新动画"→"外观",如图 6.22 所示。确定后,出现矩形"外观"动画属性对话框(图 6.23)。变量选择"电机"(图 6.24),类型选择"范围",当值分别为"0"和"1"时,按图 6.25 设置前景色和背景色。

图 6.21　电机组态(3)

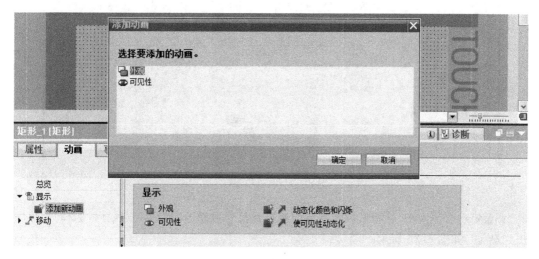

图 6.22　电机组态(4)

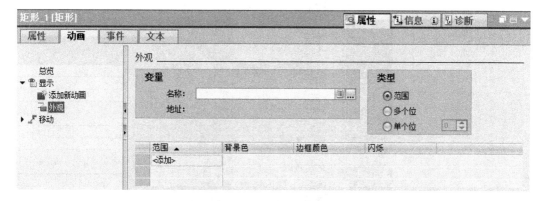

图 6.23　电机组态(5)

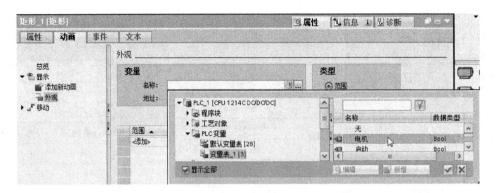

图 6.24　电机组态(6)

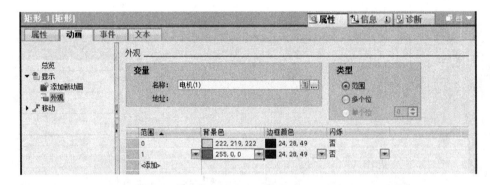

图 6.25　电机组态(7)

调整矩形合适大小,将矩形放置在原电机矩形框中并重合,然后右击矩形,选择"顺序"→"提到最前",如图 6.26 所示。

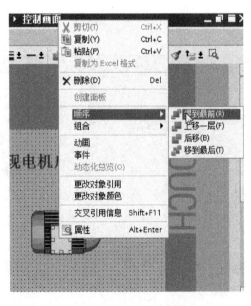

图 6.26　电机组态(8)

同时选中电机和矩形并右击,选择"组合",如图 6.27 所示,这样电机和矩组成一个整体。

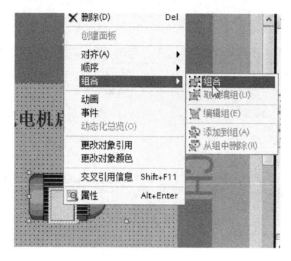

图 6.27　电机组态(9)

② 按钮组态

单击工具箱中的"元素"→"按钮"将 ▭ 图标拖放到画面上,按钮图标跟随光标一起移动,按钮左上角在画面上的 X、Y 轴的坐标(X/Y)和按钮的宽、高尺寸(均以像素为单位)也跟随光标一起移动。松开鼠标左键,按钮被放置在画面上。此时按钮的四周有 8 个小正方形,可以用鼠标来调整按钮的位置和大小。在画面上添加两个按钮(图 6.28)。

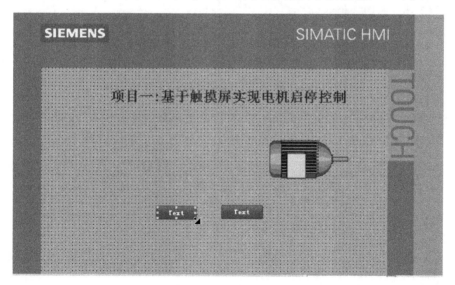

图 6.28　按钮组态(1)

双击第一个按钮或右击按钮选属性,进入按钮属性设置窗口(图 6.29),在"常规"对话框中,设置按钮模式为"文本",设置"OFF 状态文本"(按钮未按下时显示的图形)为"启动",如图 6.30 所示。

☞ **小提示**

如果选中"ON 状态文本"(按钮按下时显示的文本)复选框,则按钮在按下和弹起时显示不同的文本。

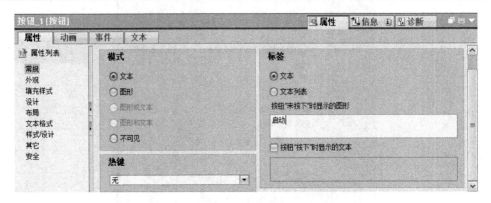

图 6.29　按钮组态(2)

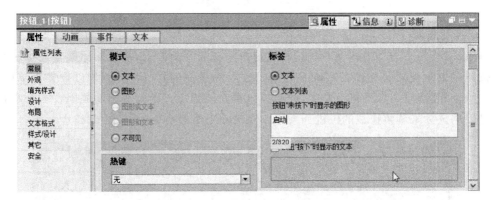

图 6.30　按钮组态(3)

打开"事件"→"按下"对话框(图 6.31),调用系统函数的置位函数"编辑位"→"置位位"(图 6.32),对"启动"变量置位,具体过程如图 6.33、图 6.34、图 6.35 所示。

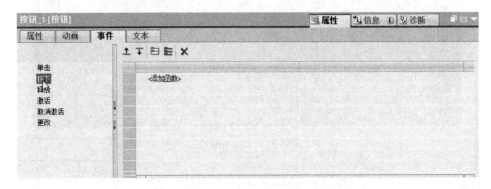

图 6.31　按钮组态(4)

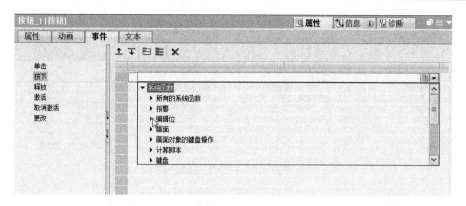

图 6.32　按钮组态(5)

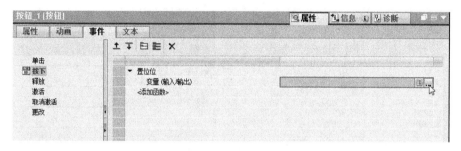

图 6.33　按钮组态(6)

图 6.34　按钮组态(7)

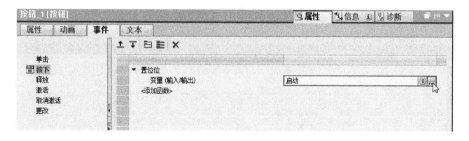

图 6.35　按钮组态(8)

　　打开"事件"→"释放"对话框,操作和上面"按下"类似,调用系统函数的复位函数"编辑位"→"复位位",对"启动"变量复位,如图 6.36 所示。

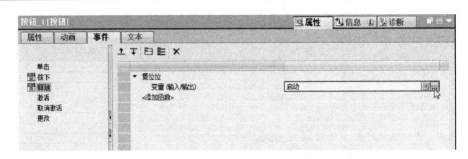

图 6.36　按钮组态(9)

同理,可将另一个"停止"按钮进行组态。过程和上面"启动"按钮一样,分别如图 6.37、图 6.38、图 6.39 所示。

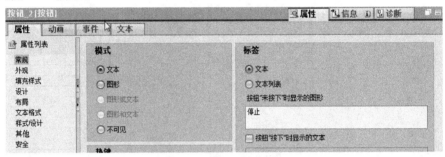

图 6.37　按钮组态(10)

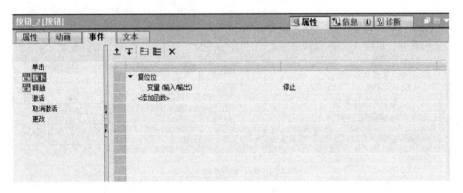

图 6.38　按钮组态(11)

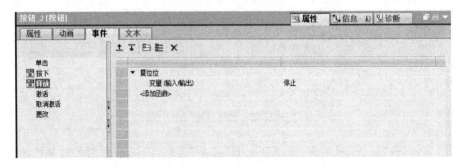

图 6.39　按钮组态(12)

最后,两个按钮组态完的画面如图6.40所示。

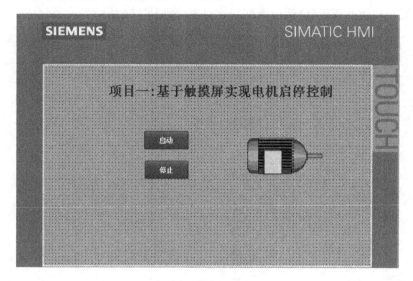

图 6.40　按钮组态(13)

☞ **小提示**

　　按钮最主要的功能是在单击或其他事件发生时,它会执行事先组态好的系统函数,使用按钮可以完成丰富多彩的任务。

　　5) 画面切换组态

　　在系统运行过程中,经常需要在不同的画面中进行切换。可以按以下操作来完成不同画面的切换功能。

　　打开初始画面,用左键按住项目树的"控制画面",拖到"初始画面"中,自动生成一个"初始画面"与"控制画面"之间的画面切换按钮,如图6.41所示。

图 6.41　画面切换(1)

同理,打开控制画面,用左键按住项目树的"初始画面",拖到"控制画面"中,自动生成一个"控制画面"与"初始画面"之间的画面切换按钮,如图 6.42 所示。

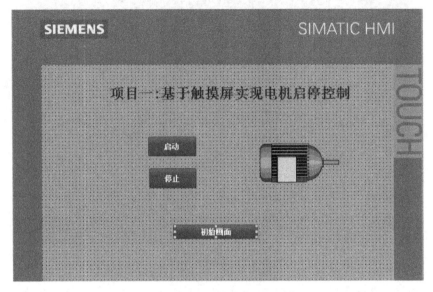

图 6.42　画面切换(2)

通过上面几个步骤,基于触摸屏实现电机启停控制的整个项目创建和组态就完成了,单击工具栏中的"保存项目"按钮保存好编辑的项目。

☞ **小提示**

按项目创建和组态完成后,一定要记得点击工具栏中的"保存项目"按钮来保存好编辑的项目。否则很有可能因为意外事故(比如停电或其他错误操作)而使得你辛苦做好的项目丢失而功亏一篑。

(4) PLC 控制程序编写

单击"项目树"下的程序块左侧的"▶",单击"Main[OB1]",打开程序块编辑界面。拖动编辑区工具栏上的一个常开触点"⊣⊢"、一个常闭触点"⊣/⊢",和一个输出线圈"⊸⊢到程序段1,输入地址 M0.0、M0.1 和 Q0.0,则在地址下出现系统自动分配的符号名称,可以进行修改,此处不修改。拖动常开触点到 M0.0 所在触点的下方,点击编辑区工具栏关闭分支"┓⊥"按钮或者鼠标直接向上拖动得到完整的梯形图,输入地址 Q0.0,如图 6.43 所示。

(5) 下载项目

先下载 PLC 项目程序。在项目视图中,选中项目树中的"PLC1(CPU1214C)"单击工具栏中的下载图标"▥",打开"扩展的下载到设备"对话框,如图 6.44 所示。此处勾选"显示所有可访问设备",若已将编程计算机和 PLC 连接好,则将显示当前网络中所有可访问的设备,选中目标 PLC,单击"下载"按钮,将项目下载到 S7-1200PLC 中。

然后下载 HMI 程序。在项目视图中,选择项目树中的"HMI(KTP700 BASIC PN)"项,单击工具栏内的下载按钮"▥"图标,如图 6.45 所示,将 HMI 项目下载到面板中。

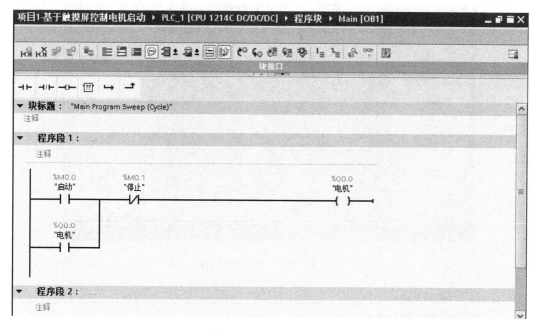

图 6.43 编写程序界面

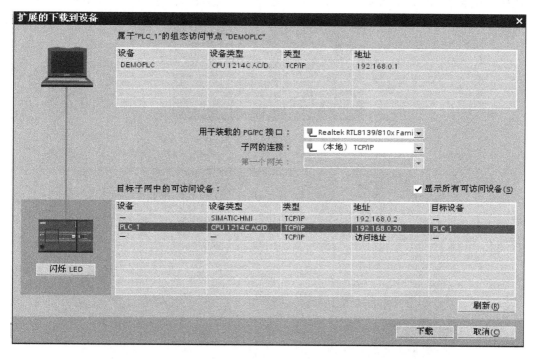

图 6.44 扩展的下载到设备对话框

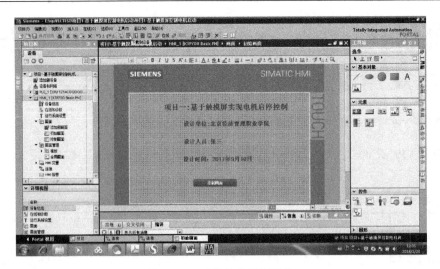

图 6.45　HMI 组态画面下载

（6）运行调试项目

1）HMI 仿真模拟运行

点击项目工具栏中的开始仿真运行"🖳"图标，弹出"启动模拟"窗口（图 6.46），点击窗口中的"确定"按钮，开始触摸屏项目的仿真运行。仿真运行结果如图 6.47、图 6.48 所示。

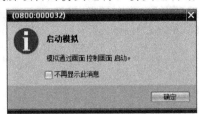

图 6.46　启动仿真模拟运行

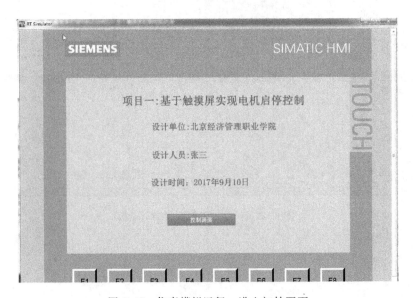

图 6.47　仿真模拟运行—进入初始画面

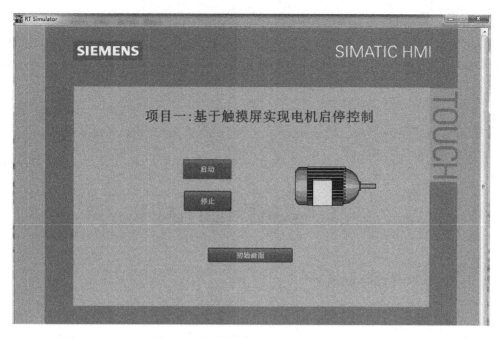

图 6.48 仿真模拟运行—进入控制画面

在项目视图中,点击工具栏中的"转到在线"按钮使得编程软件在线连接 PLC,点击编辑区工具栏中的"启用/禁用监视"按钮在线监视 PLC 程序的运行,此时项目右侧出现"CPU操作员面板",显示了 CPU 的状态指示灯和操作按钮,此时可以单击"停止"按钮来停止CPU。程序段中,默认用绿色实线表示能流流过,蓝色的虚线表示能流断开,如图 6.49所示。

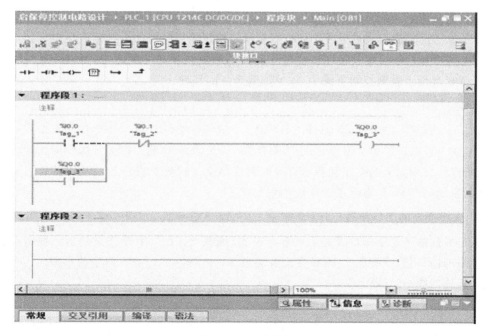

图 6.49 在线监视

3. 任务小结

本任务从基于触摸屏控制电机启停项目的项目创建、硬件组态、网络组态、画面组态、对象属性设置、变量连接及动画组态以及系统下载、仿真调试等操作过程,具体介绍了有关 HMI 人机界面控制系统的组态及应用技术的操作实施步骤。

☞ **小经验**

HMI 人机界面控制系统的开发过程为:创建新项目→组态硬件设备及网络→PLC 编程→组态可视化→下载项目→运行调试项目。

6.1 人机界面的认识

6.1.1 人机界面与触摸屏

1. 人机界面

人机界面(Human Machine Interface)又称人机接口,简称 HMI。从广义上说,HMI 泛指计算机与操作人员交换信息的设备;在控制领域,HMI 一般特指用于操作人员与控制系统间进行对话和相互作用的专用设备。

人机界面主要承担以下任务。

(1) 过程可视化。在人机界面上动态显示过程数据(即 PLC 采集的现场数据)。

(2) 操作员对过程的控制。操作员通过图形界面来控制过程。

(3) 显示报警。当变量超出或低于设定值时,会自动触发报警。

(4) 记录功能。顺序记录过程值和报警信息,用户可以检索以前的生产数据。

(5) 输出过程值和记录报警。如可以在某一轮班结束时打印输出生产报表。

(6) 过程和设备的参数管理。将过程和设备的参数存储在配方中,可以一次性将这些参数从人机界面下载到控制系统中,以便改变产品的品种。

2. 触摸屏

西门子的触摸屏面板(Touch Panel,TP),一般俗称为触摸屏。触摸屏是人机界面的发展方向,用户可以在触摸屏的屏幕上生成满足自己要求的触摸式按键。触摸屏使用直观方便,易于操作。画面上的按钮和指示灯可以取代相应的硬件元件,减少 PLC 需要的 I/O 点数,降低系统的成本,提高设备的性能和附加价值。

3. 人机界面的工作原理

人机界面的基本工作原理是显示现场设备(通常是 PLC)中开关量的状态和寄存器中数字变量的值,用监控画面向 PLC 发出开关命令,并修改 PLC 寄存器中的参数。人机界面的工作原理如图 6.50 所示。

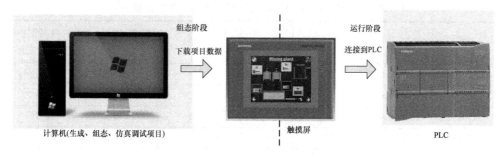

图 6.50　人机界面的工作原理

6.1.2　SIMATIC 精简系列面板

西门子公司提供了范围广泛的 SIMATIC HMI 面板:从简单的操作员键盘和移动设备,到灵活多变的多功能面板。多年来,这些面板作为人机交互设备,已被成功用于各行各业的广泛应用当中。SIMATIC HMI 面板结构紧凑,功能齐全,可以完美集成到任何生产设备和自动化系统中,如图 6.51 所示。

图 6.51　SIMATIC HMI 精简系列面板

1. 精简系列面板简介

SIMATIC HMI 精简系列面板可以有 4、6 或 10 个显示屏,键盘或触摸控制,可以提供一个 15 英寸的基本面板触摸屏。每个 SIMATIC Basic Panel 都设计采用了 IP65 防护等级,可以理想的用在简单的可视化任务中——甚至是恶劣的环境中。其他优点包括集成了软件功能,如报告系统、配方管理以及图形功能。SIMATIC S7-1200 与 SIMATIC HMI 精简系列面板的完美整合,为小型自动化应用提供了一种简单的可视化和控制解决方案。SIMATIC STEP7 Basic 是西门子开发的高集成度工程组态系统,提供了直观易用的编辑器,用于对 SIMATIC S7-1200 和 SIMATIC HMI 精简系列面板进行高效组态。

每个 SIMATIC HMI 精简系列面板都具有一个集成的 PROFINET 接口。通过它可以与控制器进行通信,传输参数设置数据和组态数据。这是与 SIMATIC S7-1200 完美整合的一个关键因素。SIMATIC HMI 精简系列面板的主要性能指标如表 6.1 所示。

表 6.1　SIMATICHMI 精简系列面板的主要性能指标

型号	尺寸	色彩	分辨率	功能键	支持连接到 PLC 变量数
SIMATIC KTP400 Basic mono PN	3.8 寸	单色	320×240	4 个功能键	128
SIMATICK TP600 Basic mono PN	5.7 寸	单色	320×240	6 个功能键	128
SIMATIC KTP600 Basic color PN	5.7 寸	256 色	320×240	6 个功能键	128
SIMATIC KTP1000 Basic color PN	10.4 寸	256 色	640×480	8 个功能键	256
SIMATIC KTP1500 Basic color PN	15 寸	256 色	1024×768	不带功能键	256

2. 精简系列面板结构特点

KTP700 BASIC 是第二代 SIMATIC HMI 精简系列面板,西门子公司满足了用户对高品质可视化和便捷操作的需求,即使在小型或中型机器和设备中也同样适用。根据旧款的价格确定了新一代精简系列面板的价格,同时其性能范围也有了显著扩展,高分辨率和65 500色的颜色深度是其突出优势。借助 PROFINET 或 PROFIBUS 接口及 USB 接口,其连通性也有了显著改善。借助 WinCC(TIA Portal)的最新软件版本可进行简易编程,从而实现新面板的简便组态与操作。

KTP700 BASIC PN 精简系列面板结构如图 6.52 所示。

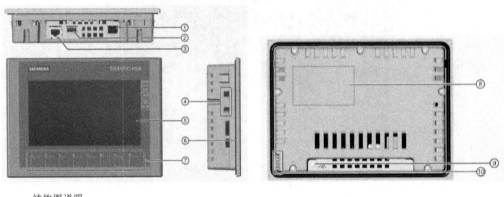

结构图说明:
① 电源接口　　　　② USB 接口　　　　③ PROFINET 接口
④ 装配夹的开口　　⑤ 显示屏/触摸屏　　⑥ 嵌入式密封件
⑦ 功能键　　　　　⑧ 铭牌　　　　　　⑨ 功能接地的接口　　⑩ 标签条导槽

图 6.52　KTP700 BASIC PN 面板正视图、侧视图、端子接口图和后视图

3. 精简系列面板组态软件介绍

精简系列面板是利用个人计算机上的组态软件来生成满足用户需要的监控画面,从而实现对生产现场的管理和监控。西门子精简系列面板之前广泛使用的是 SIMATIC WinC-Cflexible 组态软件,目前 TIA 博图软件已经把 S7-1200 编程软件和精简系列面板的组态软件 WinCC 集成在一起,使用 TIA Portal(博图)软件,就能实现精简系列面板的组态和 PLC 的编程,使得整个项目开发变得简单、高效。

6.2　人机界面(HMI)系统的组态技术

6.2.1　硬件组态

设置自动化系统需要对各硬件组件进行组态、分配参数和互连。在设备和网络视图中执行这些操作,主要包括添加 PLC 控制器和 HMI 人机界面以及设备网络连接。具体操作如前面"基于触摸屏电机启动"任务实施过程所述。下面简单介绍用 HMI 设备向导来实现 HMI 设备组态和网络连接。

1. 添加硬件设备

启动 TIA 博图,创建一个名为"HMI 示例项目"。双击项目树中的"添加新设备",添加一个新设备。先添加 PLC 控制器,点击打开的"控制器"(图 6.54 添加 PLC 控制器),选中如图 6.53 所示的 CPU1214DC/DC/DC,点击"确定"按钮,生成名为"PLC_1"的新 PLC,如图 6.54 所示。

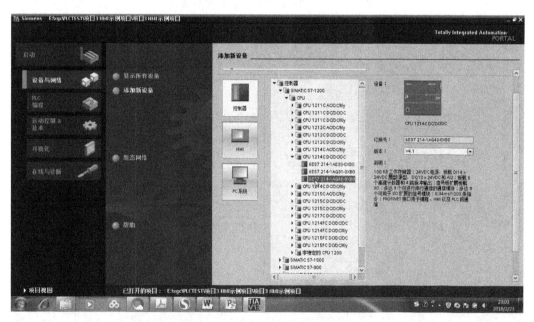

图 6.53　添加硬件设备—PLC 控制器(1)

双击项目树中的"添加新设备",再添加一个 HMI 新设备。点击打开的"HMI"(图 6.55),选中如图 6.55 所示的"SIMATIC 精简系列面板→7″显示屏→KTP700 BASIC",选好相应的供货号后,点击"确定"按钮,进入如图 6.56 所示对话框。

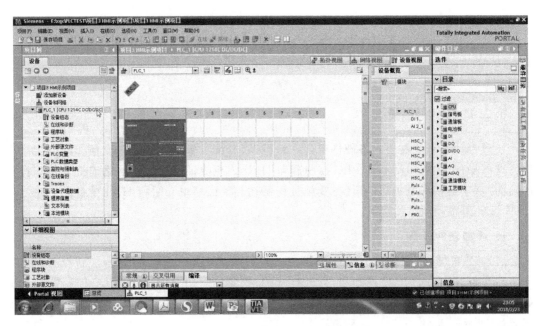

图 6.54　添加硬件设备—PLC 控制器(2)

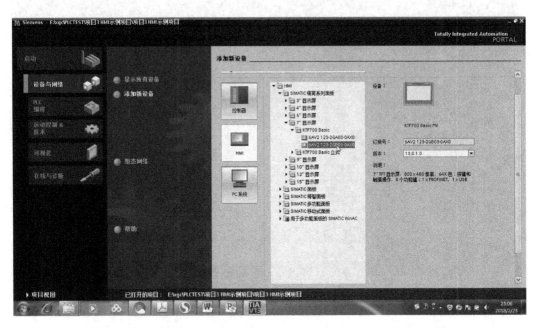

图 6.55　添加硬件设备—HMI 触摸屏(1)

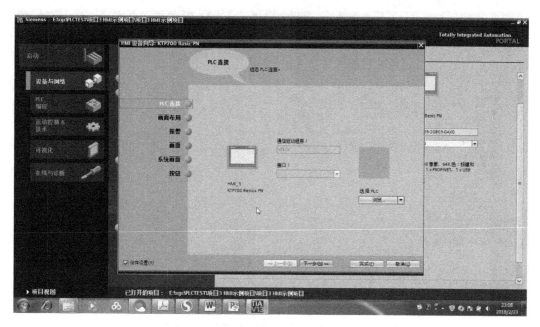

图 6.56 添加硬件设备—HMI 触摸屏(2)

2. 用 HMI 设备向导连接网络

打开如图 6.56 所示 PLC 连接对话框,左边的橙色"圆球"用来表示当前的进度。刚打开时,右边的选择框上面的文字是"没有选择任何 PLC"。点击该选择框右边的▼按钮,双击出现在 PLC 列表中的"PLC_1",出现触摸屏图标和 PLC 图标两台设备之间连接的绿色连线,如图 6.57 所示,点击"完成"按钮,至此完成 HMI 设备和 PLC 的网络设备连接组态工作,硬件组态结果如图 6.58 所示。

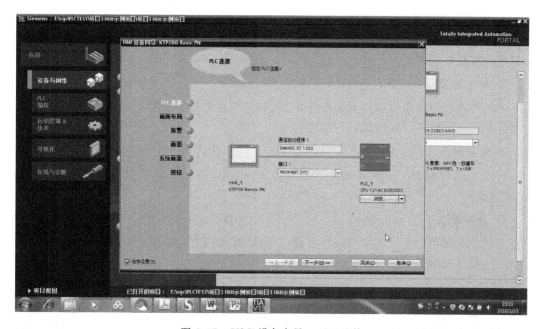

图 6.57 HMI 设备向导—PLC 连接

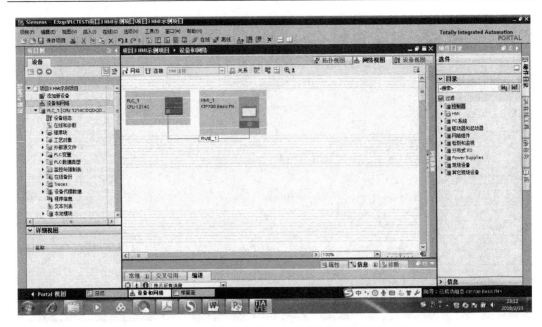

图 6.58　HMI 设备向导—完成硬件组态和网络连接

6.2.2　画面组态

画面组态的步骤主要包括如下。

1. 画面总体设计

根据系统的要求,规划需要创建哪些画面,各画面的主要功能和相互关系。这一步是项目设计的基础。

2. 组态画面模板

一般在画面模板中组态报警窗口和报警指示器,也可以将需要在所有画面中显示的画面对象放置在模板中。

3. 永久性窗口

永久性窗口用来存放所有画面都需要的对象(如公司标志或项目名称),可以在任何一个画面中对永久性窗口的对象进行修改。

4. 创建画面

可以使用工具箱中的"简单对象""高级对象"和"库"中的对象来生成画面对象,也可以在"画面浏览"中创建画面结构,即画面之间的切换关系。

5. 画面管理

用鼠标右键单击项目视图中某一画面的图标,可执行"重命名""复制""剪切""粘贴"和"删除"等命令操作。

6.2.3　组态按钮

按钮是人机界面最常用的元素之一。画面上的按钮与接在 PLC 输入端的物理按钮的功能相同,主要用来 PLC 提供数字量(即开关量)输入信号,通过 PLC 的用户程序来控制生产过程。画面上的按钮元件不能与 PLC 接收硬件输入信号的输入点(例如 I0.0)连接,一般与存储器位连接。

1. 按钮的生成

将工具箱中的"元素"窗口中的按钮图标▭(图 6.59)拖放到画面上,按钮图标跟随光标一起移动,按钮左上角在画面上的 X、Y 轴的坐标(X/Y)和按钮的宽、高尺寸(均以像素为单位)也跟随光标一起移动。放开鼠标左键,按钮被放置在画面上。此时按钮的四周有 8 个小正方形,可以用鼠标来调整按钮的位置和大小。

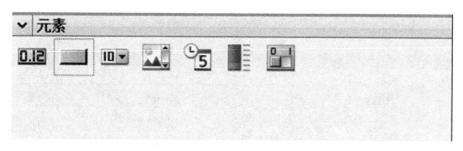

图 6.59　在工具箱中选择"按钮"图标

2. 按钮的属性设置

用鼠标选中生成的按钮,打开下面的巡视窗口的"属性"选项卡,选中左边窗口的"常规"组(图 6.60),在右边的对话框中,设置按钮的"模式"和"标签"均为"文本"。

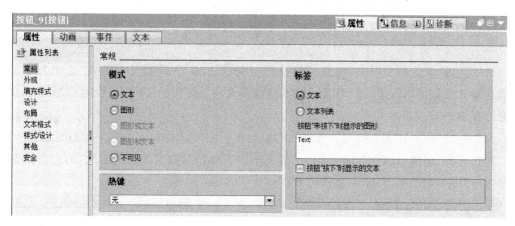

图 6.60　组态按钮的常规属性

选中图 6.61 左边窗口的"外观",可以在右边窗口修改它的背景色和文本的颜色以及边框的大小。

选中左边窗口的"布局"组,如果选中右边窗口的复选框"使对象适合内容"(图 6.62),将根据按钮上的文本字数和字体大小自动调整按钮的大小。

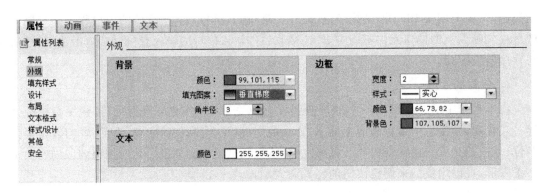

图 6.61　组态按钮的外观属性

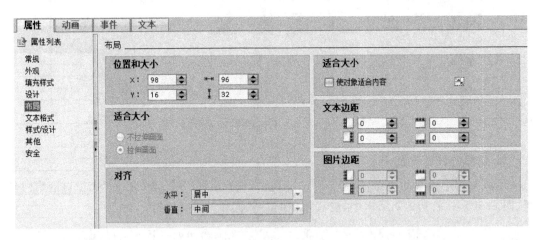

图 6.62　组态按钮的布局属性

可以通过"位置和大小"区的输入框修改对象的 X、Y 坐标的尺寸（均以像素为单位）。一般在画面上直接用鼠标设置画面元件的位置和大小，这样比在布局属性对话框中修改参数更为直观。

选中左边窗口的"文本格式"，点击右边窗口的"字体"选择右侧的"..."按钮（图 6.63），可以用打开的"字体"对话框（图 6.64）设置文本的字体和以像素为单位的大小，以及设置文本的特殊效果，如加粗、斜体和下画线等。

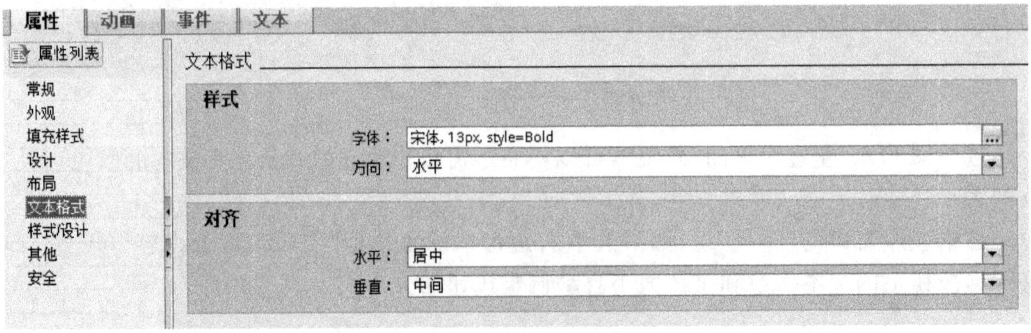

图 6.63　组态按钮的文本格式

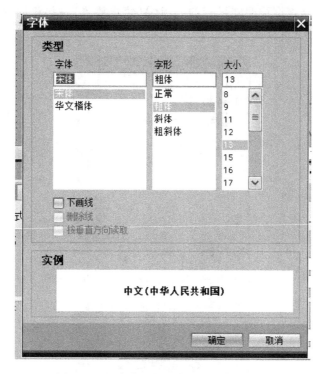

图 6.64　组态按钮的文本格式字体对话框

在"对齐"区(图 6.63),可以用"水平"选择框设置文本居左、居中或居右,用"垂直"选择框设置文本顶部、中间或底部。

选中左边窗口的"安全"组,激活右边窗口的复选框(图 6.65),在 HMI 运行时允许操作员对该按钮进行操作。

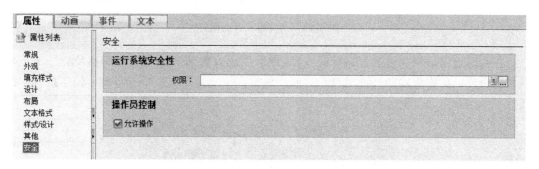

图 6.65　按钮的安全组态

6.2.4　组态指示灯

1. 指示灯生成

在工具箱中,点击最右边垂直条上的"库"按钮,打开全局库中的 PlotLights(指示灯,如图 6.66 所示)文件夹,用鼠标左键按住其中的绿色指示灯 PlotLights_Round_G 不放,同时移动鼠标,矩形的指示灯图形跟随鼠标的光标 Ⓢ(禁止放置)一起移动,移动到画面工作区时,鼠标的光标变为 ▓ (可以放置)。

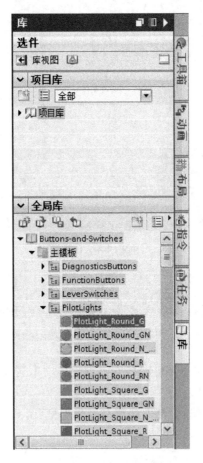

图 6.66 全局库选择指示灯

在画面上的适当位置放开鼠标的左键,指示灯被放置到画面上当时所在位置。上述功能被称为鼠标的拖放功能。此时指示灯的四周有 8 个小矩形(图 6.67),表示处于被选中的状态。

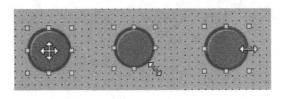

图 6.67 指示灯选中、移动与缩放

2. 用鼠标的拖放功能改变对象的位置和大小

用鼠标左键单击按钮,按钮四周出现 8 个小正方形,将鼠标的光标放到按钮上,光标变为图中的十字箭头图形(图 6.67)。按住鼠标左键并移动鼠标,将选中的对象拖到希望移动到的位置,松开左键,对象被放在该位置。

3. 组态指示灯的属性

选中画面上的指示灯,打开下面的巡视窗口的"属性"选项卡,选中左边窗口"常规"组 (图 6.68),点击右边窗口的"变量"选择框右边的"…"按钮,选中打开的变量列表对话框中 的"PLC 变量"(图 6.69),双击右边窗口中的要连接的变量,变量表关闭。该变量被连接到 指示灯上,这样在运行时就可用指示灯显示所连接的 PLC 变量的状态。

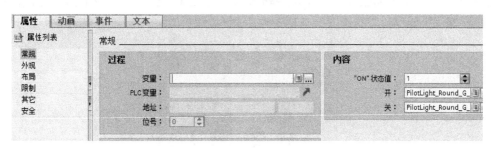

图 6.68　组态指示灯属性—变量选择(1)

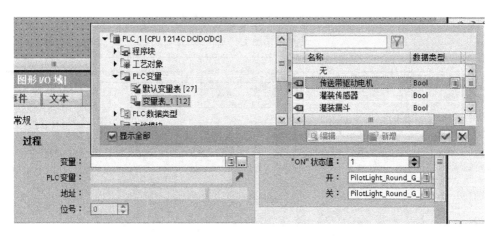

图 6.69　组态指示灯属性—变量连接(2)

刚刚生成指示灯⬤时,其正方形的背景为灰色。选中图 6.70 左边窗口的"外观",将其 背景色改为与画面的背景色相同的颜色。

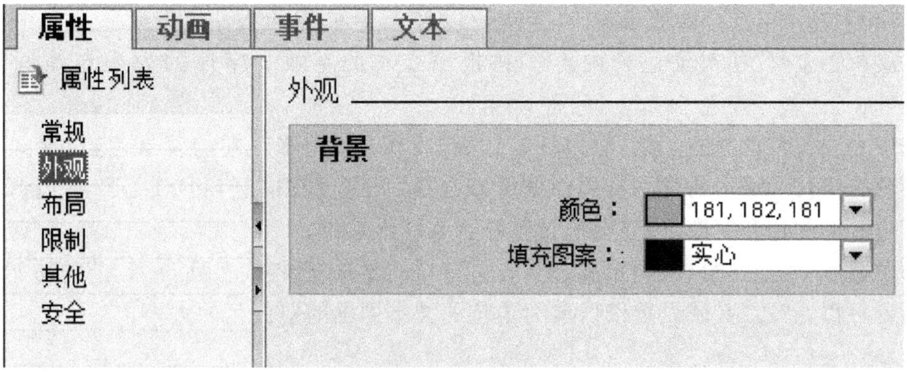

图 6.70　组态指示灯的外观

6.2.5 组态文本域与 I/O 域

1. 生成与组态文本域

将工具箱中标有"A"的文本域图标 **A**（图 6.71）拖放到画面上，默认的文本为"Text"。双击生成的文本域，可以直接在文本域中输入需要的文字。也可以选中下面的巡视窗口左边"常规"组（图 6.72），在右边的文本框中输入文本。

图 6.71　文本域组态(1)

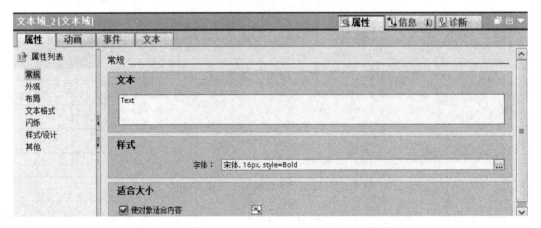

图 6.72　文本域组态(2)

可以用"字体"选择设置文本的字体和以像素为单位的大小，以及设置文本的特殊效果，选中复选框"使对象适合内容"，将根据文本的字数和字体的大小自动调整文本域的大小。

选中左边窗口的"外观"组，可以在右边窗口（图 6.73）修改它的背景色、填充式样和文本的颜色。"边框"域中的"样式"选择框可以选择"无"（没有边框）和"实心"（有边框），还可以设置边框的颜色和宽度，用复选框设置是否有三维效果。

选中图 6.74 左边窗口的"布局"组，右边窗口的复选框"使对象适合内容"的功能和按钮的相同。可以在"边距"域设置以像素为单位的文本周围的空白区的大小。

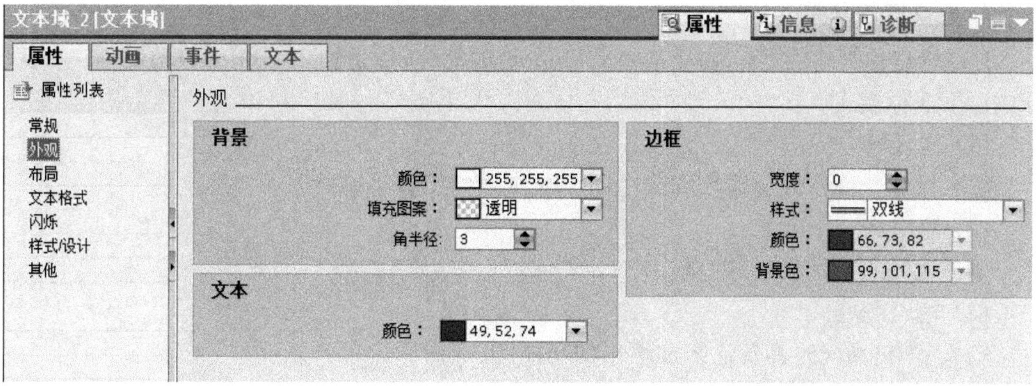

图 6.73　文本域组态(3)

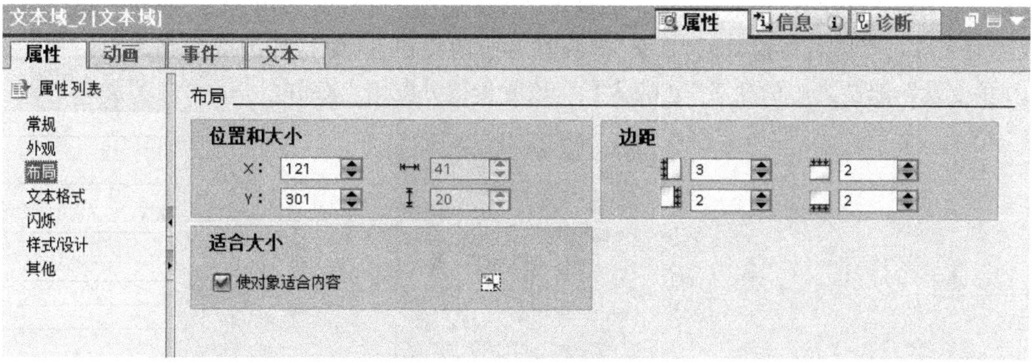

图 6.74　文本域组态(4)

巡视窗口中的"文本格式"对话框与按钮的相同(图 6.75)。

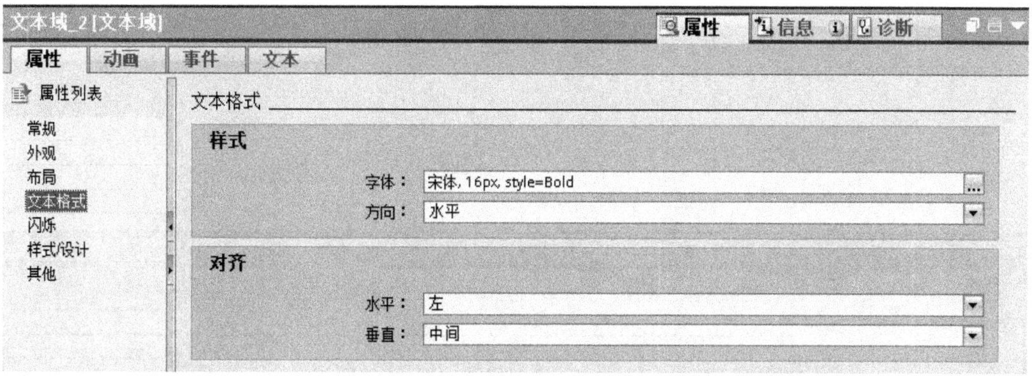

图 6.75　文本域组态(5)

选中画面上生成的文本域,执行复制和粘贴功能,将生成的文本域的文字改为"实际值",没有边框。

2. I/O 域的分类

I/O 域也称为输入输出域,I 是输入(Input)的简称,O 是输出(Output)的简称。I/O 域分成以下 3 种模式。

(1) 输入域

输入域用于操作人员输入要传送的 PLC 的数字、字母、符号。

(2) 输出域

输出域用于显示变量的数值。

(3) 输入/输出域

输入/输出域同时具备输入和输出的功能。

3. I/O 域的组态

将工具箱中的 I/O 域图标 **0.12**(图 6.76)拖放到画面上,选中生成的 I/O 域,打开下面的巡视窗口中的"属性"选项卡,选中左边窗口的"常规"组(图 6.77),用"模式"选择框设置 I/O 域为输入域。点击右边窗口的"变量"选择框右边的按钮,选中打开的变量列表对话框中的"PLC 变量",双击其中的变量"电机状态",该变量被分配给 I/O 域。

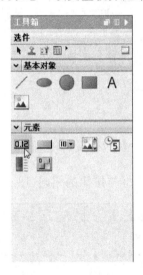

图 6.76　I/O 域组态(1)

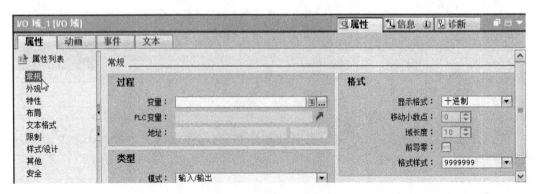

图 6.77　I/O 域组态(2)

在"格式"域,显示模式为默认的"十进制",默认小数点后的位数为 0,数据长度为 10位,不显示左边的无效 0(前导零)。可以通过更改"格式样式"来修改符合实际需要的数值。

I/O 域的巡视窗口中的"外观""布局"和"文本格式"对话框与文本域的基本上相同。其区别在于 I/O 域的"布局"对话框中的"边距"域默认的上、下、左、右的空白区为 2 点像素。

选中图 6.78 左边窗口的"特性"后,如果用于复选框激活了"隐藏输入",文本域输入的数值用"＊"号显示。

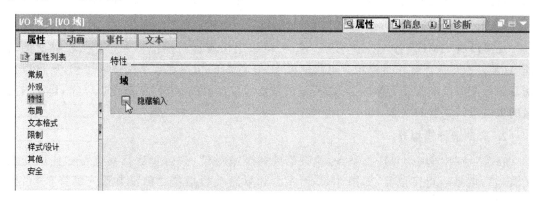

图 6.78　I/O 域组态(3)

选中图 6.79 左边窗口的"限制",可以在右边窗口用选择框设置超过变量的上限值和下限值时的背景色。

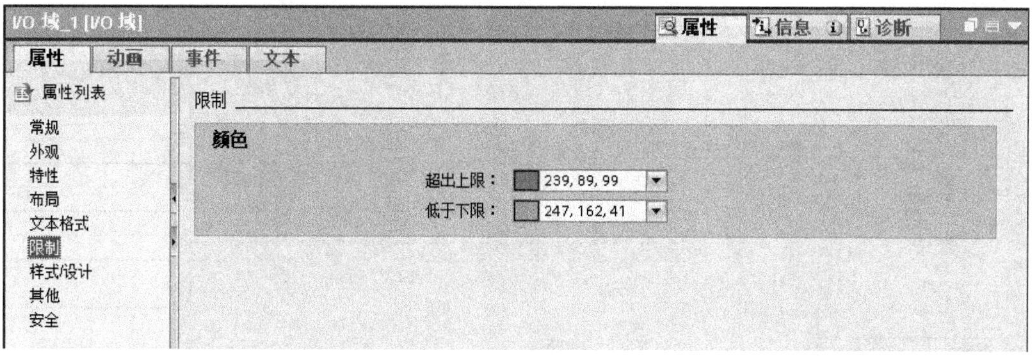

图 6.79　I/O 域组态(4)

☞ 小经验

可以执行复制和粘贴操作来生成新的 I/O 域。通过选中画面上生成的 I/O 域,执行复制和粘贴操作,将新生成的 I/O 域放置后选中它,在下面的巡视窗口左边选中"常规"组(图 6.77),在右边窗口中组态该 I/O 域连接的变量,模式改为输出,没有边框,其余的参数不变。

6.3 人机界面(HMI)系统的运行与仿真

6.3.1 用仿真器器模拟仿真 HMI

TIA WinCC 提供了一个仿真运行系统(Runtime)软件,在没有 HMI 设备的情况下,可以用仿真运行系统来模拟 HMI 设备,用它来测试项目,调试已组态的 HMI 设备功能。

1. HMI 的离线模拟仿真

如果没有 HMI 设备,也没有 PLC 模块,可以用仿真运行模拟器来检查人机界面的功能,这种模拟称为离线仿真模拟。可以模拟 HMI 画面的切换和数据的输入过程,还可以用仿真运行模拟器来改变 HMI 显示的变量的数值或位变量的状态,或者读取来自 HMI 的变量的数值或位变量的状态。

2. 启动运行模拟器

在项目树中选中 HMI_1 站点,执行菜单命令"在线"→"仿真运行系统"→"使用变量仿真器",启动运行模拟器,如图 6.80 所示。如果启动模拟器之前没有预先编译项目,则自动启动编译,编译成功后才能模拟运行。编译出现错误时,应纠正错误,之后才能模拟运行。

图 6.80 启动仿真运行模拟器

编译成功后将会出现系统启动时设定好的启动初始画面的仿真面板,如图 6.81 所示。

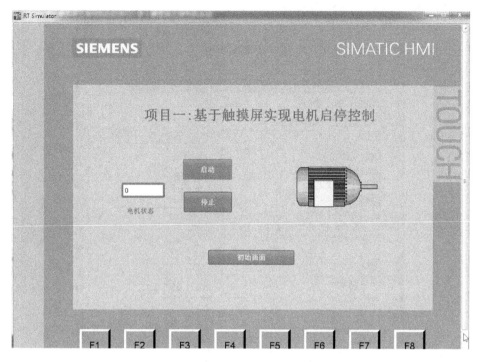

图 6.81　运行系统仿真运行的画面

3. 生成需要监控的变量

点击运行模拟器空白行的"变量"列右边隐藏的按钮,双击出现的变量列表中某个要监控的变量,该变量出现在运行模拟器中。

可以用运行模拟器调试检查诸如指示灯、按钮、I/O 域、画面切换等功能,具体操作可以参考其他相关资料,这里不再一一赘述。

6.3.2　HMI 的在线模拟仿真

1. 在线模拟仿真的特点

设计好 HMI 的可视化组态画面后,如果没有 HMI 设备,但是有 PLC,可以进行在线模拟仿真。在线模拟仿真时需要连接计算机和 PLC 的以太网通信接口,运行 PLC 中的用户程序,用计算机模拟仿真 HMI 设备的功能。在线模拟仿真的效果与实际的 PLC-HMI 系统基本相同。

2. 组态 PC/PG 接口

为了实现在线模拟仿真,首先应组态 PC/PG 接口,这也是在线模拟仿真成功与否的关键所在。打开计算机系统的控制面板,双击控制面板中的"设置 PC/PG"接口图标,如图 6.82 所示,在打开的对话框中选中"为使用的接口分配参数"列表中"TCP/IP"。点击"确定"按钮,关闭对话框。

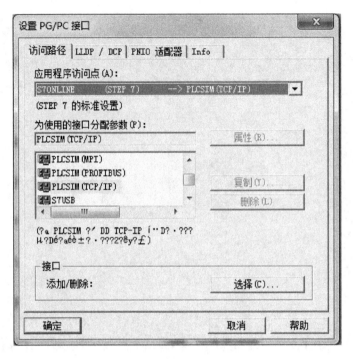

图 6.82 设置 PC/PG 接口

3. 在线模拟仿真的操作

1）用以太网电缆连接计算机的 RJ-45 网络接口和 PLC 的以太网接口。

2）PLC 上电，选中项目树中的 PLC 设备，分别将 PLC 和 HMI 的用户程序与组态信息下载到 PLC 中，令 PLC 运行在 RUN 模式。

3）选中项目树中的 HMI 设备，执行菜单命令"在线"→"仿真运行系统"→"运行系统"，或点击工具栏上的 ![RT] 按钮，运行仿真系统，出现仿真运行 HMI 的启动初始画面。

4）进入到仿真运行的初始画面后，就可以对画面上的按钮、I/O 域指示灯以及画面切换等功能进行调试。

6.3.3 HMI 参数设置

1. 上电启动 HMI 设备

以第二代精简系列面板为例，HMI 设备通电后，屏幕显示"StartCenter"对话框，如图 6.83 所示。

启动对话框中的按钮功能说明如下：

➢ "Transfer"（传送）按钮用于将 HMI 设备切换到传送模式。

➢ "Start"（启动）按钮用于打开保存在 HMI 设备中的项目，显示启动初始画面。

➢ "Settings"（设置）用于打开 HMI 设备的参数设置。

启动时如果 HMI 设备已经装载过项目，则在装载对话框出现后经过一段时间的延迟，将自动启动项目进入初始画面。

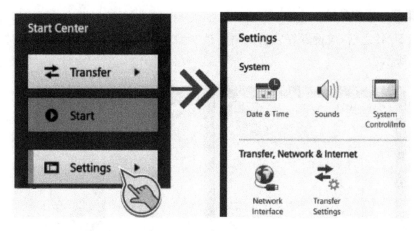

图 6.83 HMI 启动对话框

2. HMI 参数设置

点击"Settings"按钮,进入 HMI 的参数设置对话框,如图 6.84 所示。

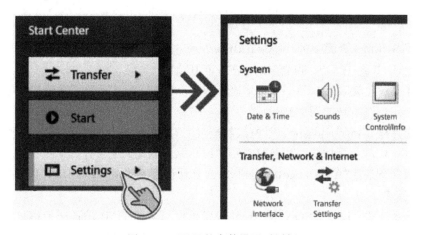

图 6.84 HMI 的参数设置对话框

进入参数设置对话框后可以进行下列设置:

1）双击"Profinet"按钮,设置以太网接口的通信参数,如图 6.85 所示。

2）双击"OP"按钮,设置显示方式为立式或横式、启动时的延迟时间和对触摸屏进行校准。

3）双击"Password"按钮,设置对控制面板的密码保护。

4）双击"Transfer"按钮,选中激活通道(EnableChannel)和远程控制(RemoteControl)复选框。

5）双击"Screensaver"按钮,设置屏幕保护程序的等待时间。输入为 0 将禁用屏幕保护。

6）双击"SoundSettings"按钮,设置是否在触摸屏或显示消息时产生声音反馈。

3. 设置网络通信参数

在使用 HMI 之前,应设置好它的网络通信参数,设置 HMI 的通信参数具体步骤如下(如图 6.85 所示)。

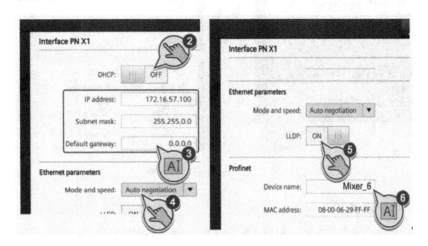

图 6.85　设置 HMI 的 PROFINET 通信参数

1) 按下 Settings 页面中的"NetworkInterface"按钮,打开对话框"Interface PN X1"。

2) 设置"DHCP"在 OFF 位置,由用户指定 IP 地址。

3) 用屏幕键盘输入"IPaddress"(IP 地址)和"Subnet mask"(子网掩码),根据需要输入"Default gateway"(默认的网关)。

4) 用选择框"Mode and speed"(模式与速度)选择传输率与连接方式。有效数值为 10 Mbit/s 或 100 Mbit/s 和"HDX"(半双工)或"FDX"(全双工)。

5) 如果选择条目"Auto negotiation",则会自动识别和设置 PROFINET 网络中的连接方式和传输速率。

6) 如果令开关 LLDP 为 ON,则 HMI 设备可以与其他 HMI 设备交换信息。

7) 在"Profinet"区的"Device name"(设备名称)文本框中为 HMI 设备指定一个网络名称。

设置完后,点击"OK"按钮退出设置,重新启动面板使设置的参数生效。

6.3.4　HMI 组态信息的下载与运行

必须先将 HMI 组态好的项目信息下载到 HMI 设备,然后才能在 HMI 设备上运行项目。为了实现 HMI 和计算机的通信,应先做好下面的准备工作:

➢ 已在项目中创建了 HMI 设备;

➢ HMI 设备已经连接到了组态 PC;

➢ 在 HMI 设备中设置传送模式。

1. HMI 组态信息的下载

1) 选中 TIA 博图项目树中的 HMI_1,单击工具栏上的下载按钮"🔽"(下载到设备),下载 HMI 的组态信息,如图 6.86 所示。

图 6.86 下载 HMI 组态信息(1)

2) 出现"扩展的下载到设备"对话框,如图 6.87 所示,选择好"PG/PC 接口的类型"为"PN/IE","PG/PC 接口"为之前设置好的接口,点击"下载"按钮,开始下载。如果是第一次下载新的 HMI,出现需要更新操作系统的对话框,单击其中的"确定"按钮,首先下载更新操作系统的文件。更新成功后,自动重启 HMI,启动成功后,自动下载 HMI 的组态信息,如图 6.88 所示。

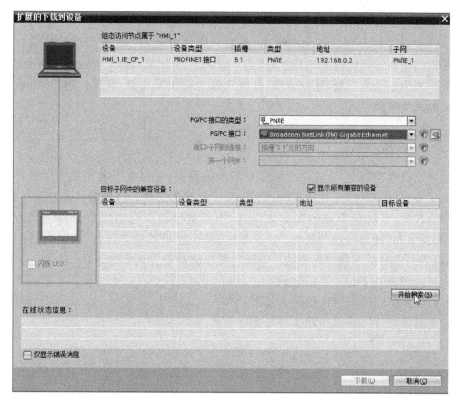

图 6.87 下载 HMI 组态信息(2)

图 6.88 下载 HMI 组态信息(3)

下载结束后,HMI 自动打开初始启动画面,点击"完成"按钮,结束下载过程。

2. 调试和运行 PLC 和 HMI 的功能

分别下载完 PLC 和 HMI 的用户程序和组态信息后,用以太网电缆连接 PLC 和 HMI 的 RJ-45 以太网接口。给设备通上电后,经过一定的时间,HMI 面板显示启动初始画面。可以利用前面仿真运行调试 HMI 的方法来调试和运行 PLC_HMI 构建的控制系统。

精简系列面板还有报警、用户管理、配方和趋势视图等功能,具体的组态和调试方法可以参考其他相关资料。

【知识梳理与总结】

人机界面是操作人员与 PLC 之间相互沟通的桥梁,它是按工业环境应用来设计的,能在恶劣的工业环境中长时间连续运行,它是 PLC 的最佳搭档。触摸屏是人机界面的发展方向。认识触摸屏,了解触摸屏的基本知识,初步具备触摸屏选型、TIA WinCC 组态软件使用、基本项目组态、通信组态的能力,初步具备 HMI 控制系统的设计、安装、运行及调试能力,将为以后的学习打下坚实的基础。本项目要掌握的重点内容如下:

(1) 人机界面(HMI)的基础知识;

(2) 人机界面(HMI)系统的组态技术;

(3) 人机界面(HMI)系统的运行与调试方法。

项目七 S7-1200 PLC 通信

本项目从 S7-1200 PLC 与触摸屏联网控制运料小车的运动入手,介绍 profibus 和 profinet 的基本通信,让读者了解 S7-1200 PLC 常用的通信组态方法。本项目还介绍通信的一些基本概念。

【教学导航】

知识重点:
- 了解通信的基本概念;
- 熟悉 PLC 的通信联网组态;
- 掌握 profibus 的基本参数;
- 掌握 profinet 的基本参数。

知识难点:
- PLC 是如何通信的。

能力目标:
- 能用博途软件进行设备联网组态;
- 熟悉 PROFIBUS 通信协议的基本参数;
- 熟悉 PROFINET 通信协议的基本参数。

推荐教学方式:

从工作任务入手,通过对博途软件联网组态的应用来了解设备之间的通信,逐渐理解 PLC 与设备之间通信的概念及 PROFIBUS 与 PROFINET 通信协议的基本参数。

任务 19 PLC 与触摸屏联成 PROFIBUS 网控制运料小车的运动

1. 目的与要求

任务描述:按下触摸屏上的启动按钮,小车回到原位。停止 5 s。如果触摸屏上的选择开关为开启,则小车去卸料场;如果选择开关为关闭,则小车去清洗场。停 10 s 后上方指示灯灭,并程序结束。途经各处其上方指示灯亮。

任务要求:应用博途软件使西门子 PLC 和触摸屏连接成 PROFIBUS 网络,对运料小车按任务给定的要求进行控制。

按照下面给出的操作步骤,完成该任务。

2. 操作步骤

(1) 启动博图软件

从桌面上直接双击 ▉,启动该软件。

(2) 创建新项目

单击"创建新项目",填写项目名称。

(3) 组态硬件设备及网络

1) 单击"设备与网络"选项,组态硬件设备及网络。

2) 单击"添加设备",在"新设备"选择窗口下单击"控制器"下面的"SIMATIC S7-1200",出现 CPU 选择窗口,单击 CPU 前面的"▶",在展开的对话框中单击"CPU 1214C DC/DC/DC",单击供货号"6ES7 214-1AG40-0XB0",单击右下角的"添加",出现"添加新设备"所示窗口,此时一个 CPU 设备选择完毕。

3) 在项目视图中,打开项目树下"PLC1(CPU 1214C)"项,双击"设备配置"项,打开"设备视图",从右侧"硬件目录"中选择 AI/AO→AI4×13 位/AO2x14 位下对应订货号的设备,拖动至 CPU 右侧的第 2 槽;同样方法,分别拖动通信模块 CM1241RS485 和 CM1241RS232 到 CPU 左侧的第 101 槽和第 102 槽。这样,S7-1200PLC 的硬件设备就组态完毕了。

4) 重新选择"添加设备",单击"SIMATIC HMI"按钮,在中间的目录树选中 HMI 设备,选择 HMI→ SIMATIC 精简系列面板→7″显示屏。

5) 对 S7-1200 PLC 与 HMI 进行联网组态。单击"网络视图"中呈现紫色的 CPU 1214C 的 PROFIBUS 网络接口,如图 7.1 所示,按住鼠标左键拖动至呈现紫色的 KTP 屏的 PROFIBUS 网络接口上,则二者的 PROFIBUS 网络就连接上了,可以通过"网络属性对话框"中修改网络名称。在设备链接中点击 PLC 的 CPU 第二个网口,选择接口类型为 PRO-FIBUS。再选择操作模式,CPU 为主站,HMI 为 DP 从站。

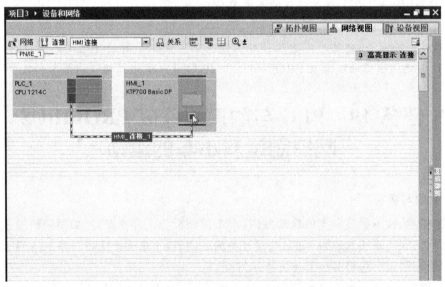

图 7.1　PLC 与触摸屏 PROFIBUS 联网

（4）PLC 编程

运料小车各位置如图 7.2 所示。按照图 7.3 编写出 PLC 程序,让运料小车回原位的程序可以按照图 7.4 所示编写。其中,I、O 点由表 7.1 给出,中间继电器由表 7.2 给出。

表 7.1　任务 1 I、O 表

输入点	为 1 时的作用	输出点	为 1 时的作用
I137.2	指示到达原位	Q137.0	驱动电机左行
I137.3	指示到达卸料场	Q137.1	驱动电机右行
I137.4	指示到达装料场	Q137.2	原位上方指示灯
I137.5	指示到达清洗场	Q137.3	卸料场上方指示灯
		Q137.4	装料场上方指示灯
		Q137.5	清洗场上方指示灯

表 7.2　任务 1 使用的中间继电器

中间点	作　用
M10.0	触摸屏中的启动按钮
M10.1	触摸屏中的停止按钮
M10.2	触摸屏中的选择开关
M10.3	"回原位"中的第一步
M10.4	"回原位"中的第二步
M10.5	"回原位"中的第三步
M10.6	传递给"回原位"中的左行
M10.7	传递给"回原位"中的右行
M11.0	任务 1 中的 1 步
M11.1	任务 1 中的 2 步
M11.2	任务 1 中的 3 步
M11.3	任务 1 中的 4 步
M11.4	任务 1 中的 5 步

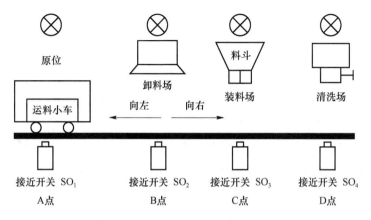

图 7.2　PLC 运料小车位置示意图

在 OB100 中对中间继电器进行初始化,把 MW10 初始化为 0;在 OB1 中,如果检测到停止按钮以及由 4 步回到开始时,均要把 MW10 传送为 0,表示程序在第 0 步(开始)的特征是 MB11 为 0。

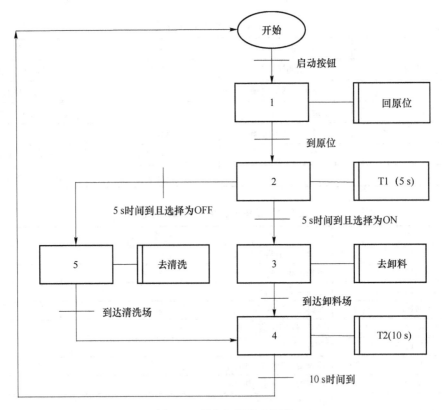

图 7.3   任务 1 顺序功能图

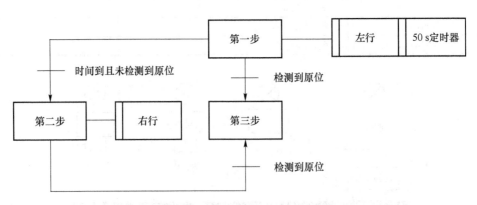

图 7.4   运料小车"回原位"顺序功能图

下面是用语句表表示的程序段,可以直接转换成对应梯形图。

OB100:

程序段 1:

    L   INT#0

```
    T         % MW10
    NOP 0
```

OB1：
程序段 1：
```
    A(
    L         % MB11
    L         B#0
    = = I
    )
    A         % M10.0
    S         % M11.0
    S         % M10.3
```
程序段 2：
```
    A         % M11.0
    A         % M10.5
    A         % I137.2
    S         % M11.1
    R         % M11.0
```
程序段 3：
```
    A         % M11.1
    A         % DB1.DBX6.0
    A         % M10.2
    S         % M11.2
    R         % M11.1
```
程序段 4：
```
    A         % M11.1
    A         % DB1.DBX6.0
    AN        % M10.2
    S         % M11.3
    R         % M11.1
```
程序段 5：
```
    A         % M11.3
    A         % I137.5
    S         % M11.4
    R         % M11.3
```
程序段 6：
```
    A         % M11.2
    A         % I137.3
    S         % M11.4
    R         % M11.2
```
程序段 7：
```
    A         % M11.4
```

```
        A          % DB3. DBX6. 0
        JNB        Label_0
        L          INT#0
        T          % MW10
   Label_0:NOP 0
   程序段 8:
        A          % M11. 0
        JNB        Label_1
        CALL       % FC1
           左转:=% M10. 6
           右转:=% M10. 7
           一  :=% M10. 3
           二  :=% M10. 4
           三  :=% M10. 5
   Label_1:NOP 0
   程序段 9:
        A          % M11. 1
        =          % L20. 0
        BLD        103
        CALL       TON, % DB1
           time_type:= Time
           IN:= % L20. 0
           PT:= T#5S
           Q  :=
           ET:=
        NOP 0
   程序段 10:
        O          % M11. 2
        O          % M11. 3
        O          % M10. 7
        =          % Q137. 0
   程序段 11:
        A          % M11. 4
        =          % L20. 0
        BLD        103
        CALL       TON, % DB3
           time_type:= Time
           IN:= % L20. 0
           PT:= T#10S
           Q  :=
           ET:=
        NOP 0
   程序段 12:
```

```
        A        % M10. 6
        =        % Q137. 1
程序段 13：
        A        % M10. 1
        JNB      Label_2
        L        INT＃0
        T        % MW10
Label_2：NOP 0
程序段 14：
        CALL    ％ FC2
        NOP 0


FC1：
程序段 1：
        A        ＃一
        A        % DB4. DBX6. 0
        S        ＃二
        R        ＃一
程序段 2：
        A        ＃一
        A        % I137. 2
        S        ＃三
        R        ＃一
程序段 3：
        A        ＃二
        A        % I137. 2
        S        ＃三
        R        ＃二
程序段 4：
        A        ＃一
        =        % L0. 0
        A        % L0. 0
        BLD      102
        =        ＃左转
        A        % L0. 0
        =        % L0. 1
        BLD      103
        CALL     TON, % DB4
          time_type：= Time
          IN：= % L0. 1
          PT：= T＃30S
          Q  ：=
          ET：=
```

```
        NOP 0
程序段 5：
        A           #二
        =           #右转


FC2：
程序段 1：
        A           % I137.2
        A(
        L           % MB11
        L           B#0
        ＜＞I
        )
        =           % Q137.2
程序段 2：
        A           % I137.3
        A(
        L           % MB11
        L           B#0
        ＜＞I
        )
        =           % Q137.3
程序段 3：
        A           % I137.4
        A(
        L           % MB11
        L           B#0
        ＜＞I
        )
        =           % Q137.4
程序段 4：
        A           % I137.5
        A(
        L           % MB11
        L           B#0
        ＜＞I
        )
        =           % Q137.5
```

（5）触摸屏界面设计

触摸屏界面设置 3 个按钮：启动、停止、选择。选择按钮的事件函数是单击取反；启动和停止事件函数是按下置位，释放复位。选择按钮选文本列表，变量为 0 时显示"模式一"，为 1 时显示"模式二"。

（6）下载项目

先下载 PLC 程序，然后下载 HMI 界面。

（7）运行调试项目

通过调试来观察和修改程序，使得程序达到任务 19 的要求。

3. 任务小结

通过任务 9 的设计完成 S7-1200 PLC 与触摸屏共同控制运料小车的运动，让读者对 PROFIBUS 和 PROFINET 通信有了了解和直观认识。

7.1　认识 PROFIBUS

7.1.1　什么是 PROFIBUS

PROFIBUS 是德国 20 世纪 90 年代制定的国家工业现场总线协议标准，其应用领域包括加工制造、过程和建筑自动化，是国际化的开放式现场总线标准。PROFIBUS 是一种不依赖于厂家的开放式现场总线标准，采用 PROFIBUS 标准后，不同厂商所生产的设备不需对其接口进行特别调整就可通信。PROFIBUS 为多主从结构，可方便地构成集中式、集散式和分布式控制系统。

7.1.2　什么是现场总线

美国仪表协会标准中对现场总线的定义：现场总线是一种串行的数字数据通信链路，它沟通了过程控制领域的基本控制设备（即场地级设备）之间以及与更高层次自动控制领域的自动化控制设备（即车间级设备）之间的联系。

国际电工委员会 IEC 标准和现场总线基金会 FF 的定义：现场总线是连接智能现场设备和自动化系统的数字式、双向传输、多分支结构的通信网络。

现场总线的本质含义：现场通信网络；现场设备互联；互操作性；分散功能块；通信线供电；开放式互联网络等。

7.1.3　串行通信的基本概念

串行通信是指数据逐位传送的通信方式。与此对应，并行通信是指数据按字节逐个传送的通信方式。串行通信发送数据仅需要一根数据线，而并行通信发送数据则需要八根数据线。并行通信传送距离短（5 m 左右）、数据线多，随着串行通信传送速率的大幅增加，并行通信的优势丧失，已经使用较少，目前使用的主要是串行通信，比如 USB 等。

7.1.4　异步通信的字符信息格式

数据在内存中是以字节为单位存储的。传送数据时，一个字节的数据（七位或八位）会被从内存中读取放入硬件寄存器并被扩展成十位或十一位两种格式（图 7.5），然后一位一位传送出去,数据被接收时又被硬件寄存器还原成一个字节。在字节前面增加一位起始位,在字节后面增加校验位(一位或者可以没有)和停止位(一位或者两位)。

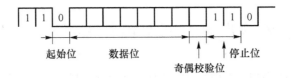

图 7.5　串行通信数据格式示意图

发送方和接收方的数据格式设置必须一致,否则,会造成错误接收导致通信失败。

7.1.5　异步串行通信与同步串行通信

传送两个字节,如果间隔可以任意,则为异步串行通信。同步串行通信是起始时发送一些字节的数据作为让接收方的同步信号,然后,任意两个字节数据之间没有间隔时间。同步串行通信的每一个数据字节不需要加入起始位、校验位和停止位,因此,在传送大批量数据时可以节约时间。目前广泛使用的是异步串行通信。

7.1.6　单工、半双工、全双工串行通信

通信双方一个只能接受、另一个只能发送的通信方式称为单工方式。每个站都可以接收和发送的通信方式称为双工通信方式,可以同时接收和发送的双工方式称为全双工方式,接收和发送不能同时进行的双工方式称为半双工通信方式。

7.1.7　串行通信的传送速率

每秒传送二进制数据位数称为传送速率。接收和发送方的传送速率要求一致。

7.1.8　RS232 通信

RS-232C,通信距离一般小于 15 m,最高传输速度速率为 20 kbit/s;传输速率较低的情况下,通信距离可以适当延长,但一般不大于 100 m。只能进行一对一的通信。

7.1.9　RS485 通信

RS-485 为:半双工,32 驱动器、32 接收器,双绞线组成网络,如图 7.6 所示。最高传送速率为 12 Mbit/s,响应时间典型值为 1 ms,屏蔽双绞线电缆最长为 9.6 km,光缆最长为 90 km,最多可以接入 127 个从站。传送距离与传送速率有关系,一般距离越长,传输速率要求越低,以降低误码率;距离较短,传输速率可以较大。

在 RS485 上可以建立多种通信协议,比如 MPI、MODBUS、PROFIBUS 等。

RS485 较长网段两端的站需接入总线终端电阻(120 Ω),以消耗远端电流、防止信号反射。中间的站点不能接终端电阻。

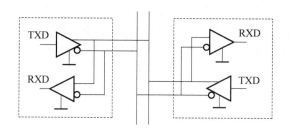

图 7.6　RS485 接口示意图

7.1.10　PROFIBUS 的通信服务与协议结构

PROFIBUS 有三种形式。

1. PROFIBUS-DP(分布式外部设备):用于自动化系统中 PLC 与分布式 I/O(例如 ET 200)的通信。主站之间的通信为令牌方式,主站与从站之间为主从方式。

2. PROFIBUS-PA(过程自动化):用于过程自动化的现场传感器和执行器的低速数据传输,可以用于防爆区域的设备与 PLC 的通信。使用屏蔽双绞线电缆,由总线提供电源。

3. PROFIBUS-FMS (现场总线报文规范):主要用于系统级和车间级的不同供应商的自动化系统之间传输数据,处理 PLC 和 PC 的多主站数据通信。被以太网代替,已经用得很少。

PROFIdrive 用于将驱动设备集成到自动控制系统中。PROFIsafe 用于 PROFIBUS 和 PROFINET 面向安全设备的故障安全通信。可以在同一条物理总线上传输标准数据和故障安全数据。

1 类 DP 主站是系统的中央控制器。2 类 DP 主站是 DP 网络中的编程、诊断和管理设备。DP 从站有 ET 200、变频器与智能从站 ET 200S,ET 200M 等。

用于 PLC 的 PROFIBUS 通信处理器有 CP 342-5、CP 342-5 FO、CP 443-5 等。

用于 PC/PG 的 PROFIBUS 通信处理器有 CP 5512、CP 5611、CP 5613 等。

7.1.11　主站与标准 DP 从站通信的组态

主站与标准 DP 从站的通信优点是只需组态,不用编程,简单方便,比如主站与 ET 200 的通信,而主站通过 EM 277 与 S7-200 通信的组态也只需要安装 GDS 文件。本任务中 PLC300 与触摸屏的通信就是主站与标准 DP 从站之间的通信。

> ☞ **小提醒**
>
> PROFIBUS 中各设备的 DP 地址在设置时要求不重名,根据传输距离,选择适当的传输速率,各设备的数据格式要一致。

任务 20　PLC 与触摸屏联成 PROFINET 网控制运料小车的运动

1. 目的与要求

任务描述:按下触摸屏上的启动按钮,小车回到原位。停止 5 s。如果触摸屏上的选择开关为开启则小车去卸料场；如果选择开关为关闭，则小车去清洗场。

停 10 s 后上方指示灯灭并程序结束。途经各处其上方指示灯亮。

任务要求：应用博途软件使西门子 PLC 和触摸屏联成 PROFINET 网络，对运料小车按任务给定的要求进行控制。

按照下面给出的操作步骤，完成该任务。

2. 操作步骤

与任务 1 相比，任务 2 只是要求连成 PROFINET 网，其余都相同。

在操作步骤的组态硬件设备及网络时按如下方法操作，其余与任务 1 完全一致。

组态硬件设备及网络：

（1）单击"设备与网络"选项，组态硬件设备及网络。

（2）单击"添加设备"，在"新设备"选择窗口下单击"控制器"下面的"SIMATIC S7-1200"，出现 CPU 选择窗口，单击 CPU 前面的"▶"，在展开的对话框中单击"CPU 1214C DC/DC/DC"，单击供货号"6ES7 214-1AG40-0XB0"，单击右下角的"添加"，出现"添加新设备"所示窗口，此时一个 CPU 设备选择完毕。

（3）在项目视图中，打开项目树下"PLC1（CPU 1214C）"项，双击"设备配置"项，打开"设备视图"，从右侧"硬件目录"中选择 AI/AO→AI4x3 位/AO2×14 位下对应订货号的设备，拖动至 CPU 右侧的第 2 槽；同样方法，分别拖动通信模块 CM1241RS485 和 CM1241RS232 到 CPU 左侧的第 101 槽和第 102 槽。这样，S7-1200 PLC 的硬件设备就组态完毕了。

（4）重新选择"添加设备"，单击"SIMATIC HMI"按钮，在中间的目录树选中 HMI 设备，选择 HMI→ SIMATIC 精简系列面板→7″显示屏。

（5）对 S7-1200 PLC 与 HMI 进行联网组态。单击"网络视图"中呈现色的 CPU 1214C 的 PROFINET 网络接口，按住鼠标左键拖动至呈现绿色的 PROFINET 网络接口上，则二者的 PROFINET 网络就连接了，可以再通过"网络属性对话框"中修改网络名称。在设备链接中点击 PLC 的 CPU 第二个网口，选择接口类型为 PROFINET。如图 7.7 所示。

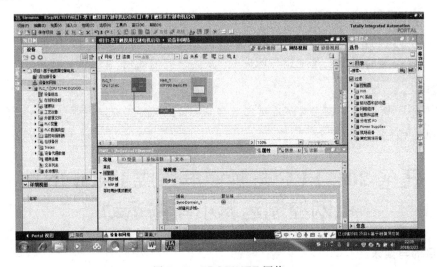

图 7.7 PROFINET 网络

7.2 认识 PROFINET

7.2.1 网络通信的基本概念

网络结构是按照 OSI(国际标准化组织)参考模型建立的,OSI 参考模型共分 7 层:物理层、数据链路层、网络层、传输层、会话层、表达层和应用层,工业现场总线和工业通信网络将上述 7 层简化为 3 层,分别由 OSI 参考模式的第一层物理层、第二层数据链路层和第七层应用层组成,并增加了用户层。

OSI 协议是为计算机联网而制定的 7 层参考模型(图 7.8),只要网络中所有要处理的要素都是通过共同的路径进行通信的,那么不管它是不是计算机网络都可以使用该协议。各厂家在实际制定自己的通信协议时,往往依据侧重点的不同,仅实现该 7 层协议的子集。从物理结构来看,现场总线或工业通信网络系统有两个主要组成部分:现场设备和传输介质,其中现场设备由现场微处理芯片及外围电路构成,传输介质可以使用双绞线、同轴电缆、光纤等。现场总线和工业通信网络的拓扑结构有很多种,如总线型、环型、树型、星型等。

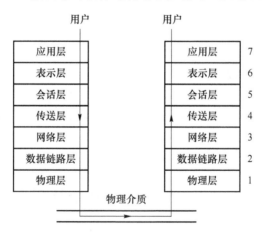

图 7.8　OSI 7 层参考模式

物理层描述有传输介质、传输速率和距离、网络拓扑、总线供电等方面。铜导线、无线电和双绞电缆等可以作为传输介质。最大传输速率和距离为 31.25 Kbit/s 和 1 900 m(加中继延长)。网络拓扑有总线型、树型、点对点型。一个通信段网络设备数量可为 32 台设备,使用中断器可接 240 台设备。支持总线供电,总线上既传送数字信号,又要为现场设备提供电源能量。数字信号以 31.25 Hz 的频率调制到 9~32 V 的直流供电电压上。

数据链路层中的数据以帧为单位传送,每一帧包含一定数量的数据和必要的控制信息,例如同步信息、地址信息、差错控制和流量控制信息。数据链路层负责在两个相邻节点间的链路上实现差错控制、数据成帧、同步控制等。

应用层提供设备之间及网络要求的数据服务,对现场过程控制进行支持,为用户提供一个简单的接口。应用层由现场总线访问子层 FAS 和现场总线报文规范 FMS 组成。FAS

有 3 种功能:对象字典服务(读、写及修改对象描述)、变量访问服务(通过子索引访问每个对象中数组或记录变量)、时间服务(发布事件及报警的通知)。FMS 有 3 种服务:出版广播数据,用户侦听广播并将其放入内部缓冲区;客户端发出请求,服务器发出应答;报告分发。

用户层规定了一些标准的功能块,供用户组态成系统。有 10 个基本功能块如 AI、AO、DI、DO、PID 等,有 19 个附加的算术功能块。

7.2.2 PROFIBUS 与 PROFINET 的比较

1. 线缆特性:PROFIBUS 总线好敷设,线芯也少,PROFIBUS 电缆强度也比较高,PROFINET 使用的是普通网线,线的柔性与强度均比 PROFIBUS 要差很多,故障率高于PROFIBUS。

2. PROFINET 和 PROFIBUS 是 PNO 组织推出的两种现场总线。两者本身没有可比性,PROFINET 基于工业以太网,而 PROFIBUS 基于 RS485 串行总线,两者协议上由于传输介质的不同而完全不同,没有任何关联。

3. 两者相似的地方都具有很好的实时性,原因在于都使用了精简的堆栈结构。

4. 基于标准以太网的任何开发都可以直接应用在 PROFINET 网络中。世界上基于以太网的解决方案的开发者远远多于 PROFIBUS 开发者,所以,有更多的可用资源去创新技术。

5. 对于 PROFIBUS,数据传输的带宽最大为 12 Mbit/s。对于 PROFINET,数据传输的带宽为 100 Mbit/s。

6. 对于 PROFIBUS,数据传输的方式为半双工。对于 PROFINET,数据传输的方式为全双工。

7. 对于 PROFIBUS,用户数据最大帧为 244 字节。对于 PROFINET,用户数据最大帧为 1 400 字节。

8. 对于 PROFIBUS,12 Mbit/s 下最大总线长度为 100 m。对于 PROFINET,设备之间的总线长度为 100 m。

9. 对于 PROFIBUS,组态和诊断需要专门的接口模板,例如 CP5512。对于 PROFINET,可以使用标准的以太网网卡。

10. 对于 PROFIBUS,需要特殊的工具进行网络诊断。对于 PROFINET,使用相关的工具即可。

11. 对于 PROFIBUS,总线上一般只有一个主站。多主站系统,会导致 DP 的循环周期过长。对于 PROFINET,任意数量的控制器可以在网络中运行,多个控制器不会影响 IO 的响应时间。

12. 对于 PROFIBUS,总线上的主要故障来源于总线终端电阻不匹配或者较差的接地。对于 PROFINET,不需要总线终端电阻。

13. 对于 PROFIBUS,使用铜和光纤作为通信介质。对于 PROFINET,还可用无线(WLAN)作为传输介质。

14. 对于 PROFIBUS,一个接口只能做主站或从站。对于 PROFINET,所有数据类型可以并行使用,一个接口可以既做控制器又做 IO 设备。

15. 对于 PROFIBUS,不能确定设备的网络位置。对于 PROFINET,可以通过拓扑信息确定设备的网络位置。

☞ **小提醒**

PROFINET 是一种以太局域网,要注意设备的 IP 地址和设备的名称。IP 地址要不重名,各设备要在同一网段上。

【知识梳理与总结】

本项目通过两个任务分别组成 PROFIBUS 与 PROFINET 的网络,让读者对 PROFI-BUS 和 PROFINET 通信有了了解和直观认识。本项目要掌握的内容如下:

（1）通信的基本概念；

（2）熟悉 PLC 的通信联网组态；

（3）熟悉 PROFIBUS 通信协议的基本参数；

（4）熟悉 PROFINET 通信协议的基本参数。

参 考 文 献

［1］ 廖常初.S7-1200 PLC 编程及应用［M］.3 版.北京:机械工业出版社,2017.

［2］ 张强,王赛,黄应强.人机界面(HMI)系统设计安装与调试［M］.北京:科学出版社,2014.

［3］ 席巍.人机界面组太与应用技术［M］.北京:机械工业出版社,2017.

［4］ 姜建芳.西门子 WinCC 组太软件工程应用技术［M］.北京:机械工业出版社,2016.

［5］ 廖常初.S7-300/400 PLC 应用教程［M］.3 版.北京:机械工业出版社,2017.

［6］ Siemens AG.S7-1200 产品样本,2016.

［7］ Siemens AG.S7-1200 系统手册,2016.

［8］ Siemens AG.SIMATIC HMI 第二代精简系列面板操作说明,2016.

［9］ Siemens IA&BT&DT CS.PROFINET 与 PROFIBUS 的比较,2016.https://wenku.baidu.com/view/8444f9f69e31433239689333.html.